养殖场兽药规范使用手册系列丛书

兔场
兽药规范使用手册

中国兽医药品监察所
中国农业出版社 组织编写
薛家宾 姚文生 主编

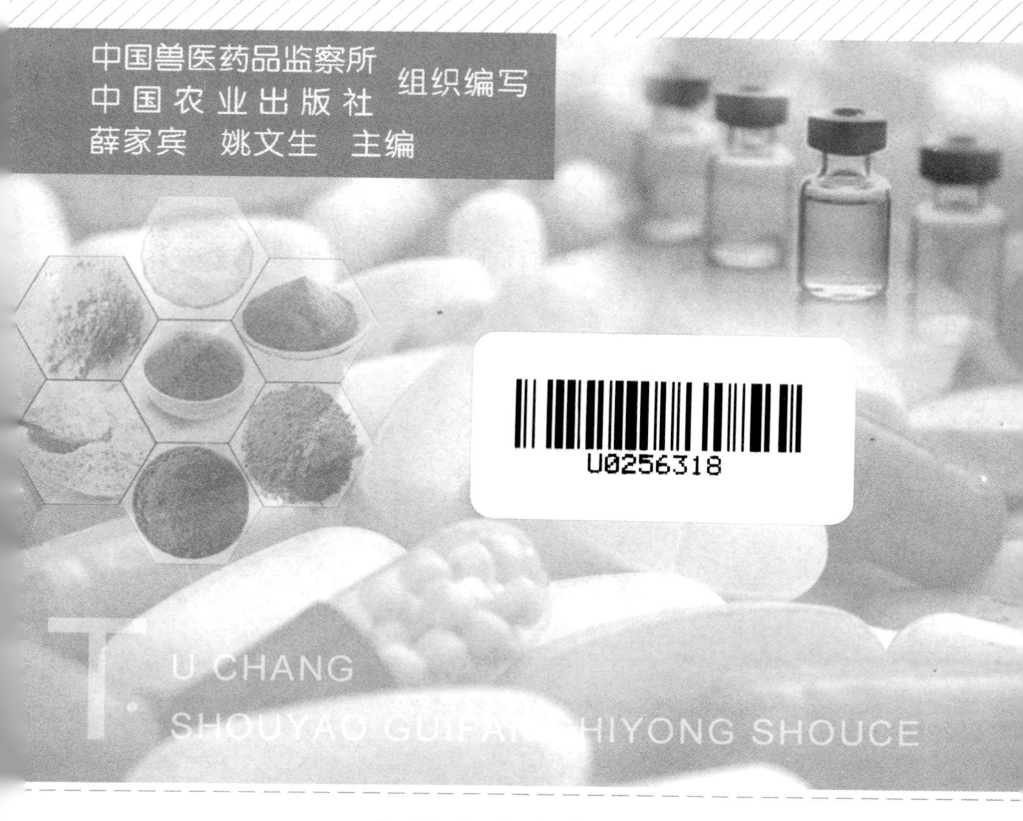

中国农业出版社
北 京

本书有关用药的声明

随着兽医科学研究的发展、临床经验的积累及知识的不断更新，治疗方法及用药也必须或有必要做相应的调整。建议读者在使用每一种药物之前，参阅厂家提供的产品说明书以确认推荐的药物用量、用药方法、所需用药的时间及禁忌等，并遵守用药安全注意事项。执业兽医有责任根据经验和对患病动物的了解决定用药量及选择最佳治疗方案。出版社和作者对动物治疗中所发生的损失或损害，不承担任何责任。

丛书编委会

编 者 名 单

主　编　薛家宾　姚文生

副主编　王　芳　王团结　范志宇　印春生

编　者（按姓氏笔画排序）

王　芳　王团结　仇汝龙　印春生

朱伟峰　任小侠　李亚菲　宋艳华

张莹辉　陈萌萌　范志宇　赵俊杰

胡　波　姚文生　薛　麒　薛家宾

魏后军

PREFACE 序

有效保障食品安全、养殖业安全、公共卫生安全、生物安全和生态环境安全是新时期兽医工作的首要任务。我国是动物养殖大国，也是动物源性食品消费大国。但是我国动物养殖者的文化素质、专业素质参差不齐，部分养殖者为了控制动物疫病，违规使用、滥用兽药，甚至违法使用违禁药物，造成动物产品中兽药残留超标和养殖环境中动物源细菌耐药性，形成严重的公共卫生和生物安全隐患。

当前，细菌耐药、兽药残留问题深受百姓关注，党中央国务院非常重视。国家“十三五”规划明确提出要强化兽药残留超标治理，深入开展兽用抗菌药综合治理工作。2017 年，制定实施《全国遏制动物源细菌耐药行动计划（2017—2020 年）》，明确了今后一个时期的行动目标、主要任务、技术路线和关键措施。随着兽药综合治理工作的推进和养殖业方式转变，我国养殖业兽药的使用已呈现逐步规范、渐近趋好的态势。

为进一步规范养殖环节各种兽药的使用，引导养殖场兽医及相关工作人员加深对兽药规范使用知识的了解，中国兽医药品监察所和中国农业出版社组织编写了养殖场兽药规范使用手册系列丛书。该丛书站在全局的高度，充分强调兽药规范使用的重要性，理论联系实际，以《中华人民共和国兽药典》等相关规范为基础，介绍兽药使用基础知识、各畜种常见使用药物、疫病诊断及临床用药方法等，同时附录兽药残留限量标准、休药期标准等基础参数，直观生动，易学易懂，具有较强的科学性、实用性和先进性，可为兽医临床用药提供全面、系统的指导，既是先进兽药科学使用的技术指导书，也是一套适用于所有畜牧兽医工作者学习的理论参考书，对落实《全国遏制动物源细菌耐药行动计划（2017—2020年）》将发挥积极作用，具有重要的现实意义。

相信这套丛书一定会成为行业受欢迎的图书，呈现出权威、标准、规范和实用特色！

农业农村部副部长

FOREWORD 前言

我国是世界养兔大国，当前正处于产业重要转型期，即从农村散养、小规模、落后生产模式向规模化、集约化、现代化方向转变。在这期间，对疾病防控提出了新的要求，而兽药（包括疫苗等）是预防、治疗和诊断动物疫病的特殊商品，其产品质量直接关系到重大疫病防控成效、养殖业健康发展和动物源性食品质量安全。

安全、科学合理的规范用药是兔业健康发展的重要保证，中国兽医药品监察所、中国农业出版社组织相关专家编写了《兔场兽药规范使用手册》一书。本书从兔场用药的基础知识、常用药品、常见疾病、药物残留及合理用药、耐药控制 5 个方面对兔场的安全用药进行了介绍，内容上以国家批准使用的兽药为基础，突出“病药结合”，通俗易懂，可供广大兔场员工学习使用，以提高兔病防治的技术水平，同时也可作为基层兽医工作者、农业院校相关专业师生的参考资料。

目前专用兔药较少，不能满足生产的需求，多借用其他动物用药，因缺少试验数据，经常出现药物使用效果不良或不同程度的副反应，甚至出现中毒现象，因此建议大家不要盲目用药。同时希望今后对兔用药物有更多的研究，提供正确用药的基本指导，更好地为兔业发展提供服务。

由于编写时间紧、编者的水平有限，难免存在疏漏、不足甚至是错误之处，恳请同行专家和广大读者提出宝贵意见和建议，以便再版时加以修改补充。

编　者

2018 年 8 月

CONTENTS 目录

第一章

兔场兽药使用基础知识

第一节 兽药的定义、应用形式及保管

一、兽药的定义与来源

（一）兽药的定义

兽药是指用于预防、治疗、诊断动物疾病，或者有目的地调节动物生理机能的物质。主要包括血清制品、疫苗、诊断制品、微生态制剂、中药材、中成药、化学药品、抗生素、生化药品、放射性药品及外用杀虫剂、消毒剂等。兽药也包括用以促进动物生长、繁殖和提高动物生产效能，促进畜牧业养殖生产的一些物质。动物饲养过程中常用到的饲料添加剂是指为满足某些特殊需要而加入饲料中的微量营养性或非营养性的物质，含有药物成分的饲料添加剂则被称为药物饲料添加剂，亦属于广义兽药的范畴。当药物使用方法不当、用量过大或使用时间过长时，会对动物机体产生毒性，损害动物健康，甚至会导致死亡，药物则变为了毒物。药物和毒物之间并无本质的、绝对的界限，因此，在用药时应明白用药的目的及方法，发挥药物对机体有益的药理作用，避免其有害的毒副作用或不良反应。

（二）兽药的来源

我国兽药使用历史悠久，早在秦汉时期，药学文献《居延汉简》和《流沙坠简》中已有关于兽药处方的记载；汉末三国时期，中国最早的药学著作《神农本草经》中，曾有专用的兽药记录。北魏贾思勰在《齐民要术》中收载了多种兽用方剂。明代李时珍的《本草纲目》中收载了 1 892 种药物，其中兽药有 60 多种；明代万历年间中国的兽医专著《元亨疗马集》中收载的兽药则多达 200 多种、兽用处方 400 余个。

这些典籍中收载的兽药大致有三个来源：植物、动物和矿物。其中植物类兽药最多，如桔梗科植物桔梗具有宣肺、祛痰、利咽、排脓的功效，多用于治疗动物咳嗽痰多、咽喉肿痛、肺痈等。植物类兽药的入药部位多样，有些品种能够全草入药，有些则仅限于根、茎、叶或花等部位入药。动物类兽药也有较多使用，如鸡内金为鸡的干燥砂囊内壁，具有健胃消食、化石通淋的功效，用于治疗动物的食积不消、呕吐、泄泻、砂石淋等。除了这些植物和动物来源的兽药以外，还有少部分矿物来源的兽药，如石膏，其为硫酸盐类矿物，具有清热泻火和生津止渴的功效，可用于治疗动物外感热病、肺热喘促、胃热贪饮、壮热神昏、狂躁不安等。

随着科学技术的不断发展及化学、物理学、解剖学和生理学等学科的建立，一些化学家开始了从药用植物中提取有效成分的尝试，之后一些生理学家（其中一些成为了药理学的先驱者）应用生理学的方法来观察和评价这些化学成分的药效和毒性，此时近代实验药理学逐渐拉开序幕。随着后续的化合物构效关系的确认及定量药理学概念的提出，现代药理学真正发展起来。而兽医药理学的发展是伴随着药理学的发展进程渐次进行的，在整个进程中，青霉素的发现、磺胺类药物及喹诺酮类药物的合成等具有重大意义。同时这也引出了兽药的另两个重要来源：化学合成及微生物发酵。

化学合成类兽药中磺胺类及（氟）喹诺酮类为典型代表。其中首次合成于1962年的萘啶酸为第一代喹诺酮类药物的代表；第二代该类兽药则为合成于1974年的氟甲喹；1979年合成的诺氟沙星是首个第三代该类药物，由于它具有6-氟-7-哌嗪-4-诺酮环结构，故该类药物从此开始称为氟喹诺酮类药物。目前，我国在兽医临床批准应用的氟喹诺酮类药物有恩诺沙星、环丙沙星、达氟沙星、二氟沙星、沙拉沙星等。而来源于微生物发酵的兽药则多为一些分子质量较大、结构复杂的兽药，如天然青霉素是从青霉菌的培养液中分离获得的，含有青霉素F、青霉素G、青霉素X、青霉素K和双氢F五种组分。

除了前述的五种兽药来源之外，基于生物技术发展起来的兽药逐渐增多。这类药物是通过细胞工程、基因工程等分子生物学技术生产的药物，如重组溶葡萄球菌酶、干扰素、转移因子等。

二、兽药的应用形式

兽药原料药不能直接用于动物疾病的预防或治疗，必须进行加工，制成安全、有效、稳定和便于应用的形式，称为药物剂型。例如粉剂、片剂、注射剂等。药物剂型是一个集体名词，其中任何一个具体品种，如片剂中的土霉素片、注射剂中的盐酸多西环素注射液等，则称为制剂。药物的有效性首先是其本身固有的药理作用，但仅有药理作用而无合理的剂型，必然影响药物疗效的发挥，甚至出现意外。同一种药物可有不同的剂型，但作用和用途就有差别，如硫酸镁粉经口服，具有导泻的作用，而静脉注射硫酸镁注射液则是发挥其抗惊厥的作用。先进、合理的剂型有利于药物的储存、运输和使用，能够提高药物的生物利用度，降低不良反应，发挥最大疗效。

每类剂型的形态相同，其制法特点和效果亦相似，如液体制剂多需溶解，半固体制剂多需融化或研匀，固体制剂多需粉碎及混合。疗效速度以液体制剂为最快、固体较慢，半固体多作外用。按使用方便性，动物常用的药物剂型主要有：

1. 粉剂/散剂 是指粉碎较细的一种或一种以上的药物均匀混合制成的干燥粉末状制剂，如内服使用的白头翁散。随着集约化、规模化养殖业的出现，许多药物（如抗菌药物、抗寄生虫药物、维生素、矿物质、中草药等）通常是制成粉剂（散剂），混入饲料中饲喂动物，用以防治疾病、促进生长、提高饲料转化率等。一些药物因为本身的溶解性较好，还可制成可溶性粉剂经动物饮水投药。为了使药物在饲料中均匀混合，药物添加剂必须先制成预混剂，然后拌入饲料中使用，预混剂就是一种或几种药物与适宜的基质（如碳酸钙、麸皮、玉米粉等）均匀混合制成的散剂。

2. 颗粒剂 是将药物与适宜辅料制成的颗粒状制剂，分为可溶性颗粒剂、混悬性颗粒剂和泡腾性颗粒剂。

3. 溶液剂 指一般可供内服或外用的澄明溶液，溶质为呈分子或离子状态的不挥发性化学药物，其溶媒多为水，如恩诺沙星溶液。还有以醇或油作为溶媒的溶液剂，如地克珠利溶液。内服溶液剂给药方便，生物利用度也较高，且不存在混合不均匀的问题。

4. 片剂 是指一种或一种以上的药物经加压制成的扁平或上下面稍有凸起的圆片状固体剂型，具有质量稳定、称量准确、服用方便等优点。缺点为某些片剂溶出速率及生物利用度差，如土霉素片。

5. 注射剂 也称针剂，是指由药物制成的供注入体内的灭菌水溶液、混悬液、乳状液或供临用前配成溶液的无菌粉末（粉针剂，用前现溶）或浓缩液，需使用注射器从静脉、肌内、皮下等部位注射给药的一种剂型。如盐酸林可霉素注射液、注射用青霉素钠等。注射剂的优点是药效迅速、剂量准确、作用可靠、吸收快。不宜内服的药物，如青霉素、链霉素等也常制成注射剂。缺点是注射给药不方便，且注射时往往引起应激反应，且生产过程要求一定的设备。

三、兽药的贮藏与保管

兽药的稳定性是反映兽药质量的主要指标，不易发生变化的稳定性强，反之亦然。而兽药的稳定性取决于兽药的成分、化学结构及剂型等内在因素，空气、温度、湿度、光线等外界因素同样也会引起兽药发生变化。因此，需认真对待兽药的贮藏和保管工作，定期检查以保证其安全性和可使用性。

（一）影响兽药变质的主要因素

1. 空气 空气中的氧或其他物质释放出的氧，易使药物氧化，引起药物变质，如维生素C、氨基比林氧化变色，硫酸亚铁氧化成硫酸铁等；同时空气中的二氧化碳能与碱性药物反应，而使药物变质，如氨茶碱与空气中的二氧化碳反应后析出茶碱并分解变色。

2. 光照 日光直射或散射都能使某些药物分解，维生素B_2溶液在光线的作用下，可光解而失效。双氧水遇光分解生成氧和水。

3. 温度 温度过高，会使药物的降解速度加快，造成某些抗生素、维生素D_3等多种药物变质失效，或挥发性成分挥发而药效降低；温度过低，易使软膏剂变硬，液体制剂冻结、分层、析出结晶。

4. 湿度 一些药物可吸收潮湿空气中的水分发生潮解、液化、变性或分解而变质，如阿司匹林、青霉素类和硫酸新霉素等因吸潮而分解，但对于某些含结晶水药物（如氨苄西林三水化合物、茶碱水合物）的贮存环境，也并非是愈干燥愈好，空气过于干燥会发生风化，风化后在使用中较难掌握正确剂量。

5. 霉菌 空气中存在霉菌孢子和其他微生物，这些孢子若散落在药物表面，在适宜的条件下，就能形成霉变引起药物变质。

6. 贮藏时间 理化性质不稳定的药品，易受外界因素的影响，即使贮藏条件适宜，保存合理，但贮存一定时间后，含量（效价）下降或毒性增强。因此，药物的贮藏和使用不要超过有效期。

（二）兽药的一般保管方法

1. 要根据兽药的性质、剂型进行分类保管。一般可按固、水、气、粉或片、液、针等剂型及普通药、剧药、毒药、危险药品等分类，采用不同方法进行保管。剧药与毒药应要专账、专柜、加锁，由专门双人双锁保管，每个兽药必须单独存放，要有明显标记。

2. 一般兽药都应按《中华人民共和国兽药典》（以下简称《兽药典》）或《兽药说明书》中该药所规定的贮藏条件进行贮藏和保存。也可根据其理化特性进行相应的贮藏和保存。

3. 为了避免兽药贮存过久，必须掌握“先进先出，易坏先出”“近期（临近有效期）先出”的原则，要合理存放或堆放，定期检查和盘存。

4. 根据兽药特性，采用不同的贮藏方法。

（1）易光解的兽药。如喹诺酮类药物等，应避光保存，包装宜用棕色瓶，或在普通容器外面包上不透明的黑纸，并防止日光照射。

（2）易潮解引湿的兽药。如氢氧化钠等应密封于容器内，干燥保存，注意通风防潮。

（3）易风化兽药。如硫酸钠、咖啡因等，这类药物除密封外，还需置于适宜湿度处保存（一般以相对湿度 50％～70％为宜）。

（4）易受温度影响的兽药。要防受热或防冻结，要求“阴凉处保存”的是指不超过 20℃的温度下保存，如抗生素的保存。“冷放保存”或“冷藏保存”是指 2～10℃的温度下保存，如生物制品的保存。

（5）易吸收二氧化碳的兽药。如氯化钙等，需严密包装，置阴凉处保存。

（6）中草药多易吸湿、长霉和被虫蛀，要注意贮存在阴凉、通风、干燥的地方，并注意防潮、防虫害。

（7）生物制品一般需要冷藏，要求 2～8℃贮存的灭活疫苗、诊断液和血清等，应在同样温度下运送，严冬季节要注意采取防冻措施。炎夏季节应采取降温措施。要求低温贮存的疫苗，应按照要求的温度贮存和运输。

兽药的稳定性往往同时受多种因素的影响，有的兽药既需避光，又需防热或防潮，保存时要满足兽药所需的理化条件。

5. 若发现兽药有氧化、分解、变色、沉淀、混浊、异物、发霉、分层、腐败、潮解、异味、生虫等影响兽药质量的现象时，一般均不可应用。

6. 兽药批号、有效期与失效期。批号是生产单位在兽药生产过程中，用来表示同一原料、同一生产工艺、同一批料、同一批次制造的产品，一般日期与批次用一短线相连来表示，如 20181001－01 表示 2018 年 10 月 1 日生产的第一批产品。

有效期是指兽药在规定的贮藏条件下能保证其质量的期限。失效期是指兽药超过安全有效范围的日期，兽药超过此日期，必须废弃，如需使用，需经药检部门检验合格，才能按规定延期使用。有效期一般是从兽药的生产日期（有的没有标明生产日期，则可由批号推算）起计数，如某兽药的有效期是两年，生产日期为 2018 年 1 月 1 日，则指其可使用到 2019 年 12 月 31 日。如某兽药失效期标明 2019 年 12 月，则指可使用到 2019 年 11 月 30 日止，到 12 月即失效。

四、兽医处方

兽医处方是兽医临床工作及药剂配置的一项重要书面文件。处方的类型可分为法定处方和诊疗处方，法定处方主要指《中华人民共和国兽药典》和《兽药质量标准》等所收载的处方。兽医诊疗处方指经注册的执业兽医在动物诊疗活动中为患病动物开具的，作为患病动物用药凭证的医疗文书。凭兽医处方可购买和使用的兽药即为兽医处方药，而由我国国务院兽医行政管理部门公布的、不需要凭兽医处方就可自行购买并按照说明书即可使用的兽药则称为兽医非处方药。处方开写的正确与否，直接影响治疗效果和患病动物的安全，执业兽医必须依据准确的诊断，认真负责地按照用药的原则，正确、清楚地开写处方。处方中应写明药物的名称、数量、制剂及用量用法等，以保证药品的规格和安全有效。处方还应保存一段时间，以备查考。

（一）处方笺内容

兽医处方笺内容包括前记、正文、后记三部分，要符合以下标准：

1. 前记 对个体动物进行诊疗的，至少包括动物主人姓名或者动物饲养单位名称、档案号、开具日期和动物的种类、性别、体重、年（日）龄。

对群体动物进行诊疗的，至少包括饲养单位名称、档案号、开具日期和动物的种类、数量、年（日）龄。

2. 正文 包括初步诊断情况和 Rp（拉丁文 Recipe 的缩写）。Rp 应当分列兽药名称、规格、数量、用法、用量等内容；对于食品动物还应当注明休药期。

3. 后记 至少包括执业兽医签名或盖章、注册号及发药人签名或盖章。

（二）处方书写要求

兽医处方书写应当符合下列要求。

1. 动物基本信息、临床诊断情况应当填写清晰、完整，并与病历记载一致。

2. 字迹清楚，原则上不得涂改；如需修改，应当在修改处签名或盖章，并注明修改日期。

3. 兽药名称应当以兽药国家标准载明的名称为准，简写或者缩写应当符合国内通用写法，不得自行编制兽药缩写名或者使用代号。

4. 书写兽药规格、数量、用法、用量及休药期要准确、规范。

5. 兽医处方中包含兽用化学药品、生物制品、中成药的，每种兽药应当另起一行。

6. 兽药剂量与数量用阿拉伯数字书写。剂量应当使用法定计量单位：质量以千克（kg）、克（g）、毫克（mg）、微克（μg）、纳克（ng）为单位；容量以升（L）、毫升（mL）为单位；有效量单位以国际单位（IU）、单位（U）为单位。

7. 片剂、丸剂、胶囊剂及单剂量包装的散剂、颗粒剂，分别以片、丸、粒、袋为单位；多剂量包装的散剂、颗粒剂以克或千克为单位；单剂量包装的溶液剂以支、瓶为单位，多剂量包装的溶液剂以毫升或升为单位；软膏及乳膏剂以支、盒为单位；单剂量包装的注射剂以支、瓶为单位，多剂量包装的注射剂以毫升或升、克或千克为单位，应当注明含量；兽用中药自拟方应当以剂为单位。

8. 开具处方后的空白处应当划一斜线，以示处方完毕。

9. 执业兽医师注册号可采用印刷或盖章方式填写。

（三）处方保存

兽医处方（图 1－1）开具后，第一联由从事动物诊疗活动的单位留存，第二联由药房或者兽药经营企业留存，第三联由动物主人或者饲养单位留存。兽医处方由处方开具、兽药核发单位妥善保存两年以上。保存期满后，经所在单位主要负责人批准、登记备案，方可销毁。

XXXXXXX处方笺

动物主人/饲养单位＿＿＿＿＿＿＿＿＿＿＿＿ 档案号＿＿＿＿＿＿
动物种类＿＿＿＿＿＿＿＿ 动物性别＿＿＿＿＿＿＿＿ 体重/数量＿＿＿＿＿＿
年（日）龄＿＿＿＿＿＿＿＿ 开具日期＿＿＿＿＿＿＿＿＿＿＿＿

诊断：	Rp:

执业兽医师＿＿＿＿＿＿＿＿ 注册号＿＿＿＿＿＿＿＿ 发药人＿＿＿＿＿＿

第一联　从事动物诊疗活动的单位留存

图1－1　兽医处方笺样式

“×××××××处方笺”中，“×××××××”为从事动物诊疗活动的单位名称。

第二节　临床合理用药

一、影响药物作用的主要因素

药物的作用是机体与药物相互作用过程的综合表现，许多因素都可能影响或干扰这一过程，改变药物效应。这些因素包括药物、动物及环境三方面。

（一）药物因素

1. 药物剂型和给药途径　药物的剂型和给药途径对药物的吸收、分布、代谢和排泄产生较大影响，从而引起不同的药理效应。一般来讲，药效由高到低的给药途径是：静脉注射＞吸入＞肌内注射＞皮下注射＞口服＞皮肤给药。其中静脉注射由于没有吸收过程，因而产生的药理效应更加显著。口服给药的吸收速率按剂型排序为水溶液＞散剂>片剂。有的药物给药途径不同产生不同的药理效应，如硫酸镁内服导泻，而静脉注射或肌内注射则有镇静、镇痉等效应。

2. 剂量 药物剂量决定药物和机体组织器官相互作用的浓度，在一定范围内，给药剂量越大，则血药浓度越高，作用越强。有的药物随剂量由小到大，其作用发生质的改变，如生存和致死等。例如，动物内服小剂量人工盐是健胃作用，大剂量则表现为下泻作用。兽医临床用药时，除根据《兽药典》决定用药剂量外，兽医师可以根据动物病情发展的需要适当调整剂量，更好地发挥药物的治疗作用。兔的数量如果较多，注射给药会消耗大量人力、物力，也容易引起应激反应，所以药物可用混饲或混饮的群体给药方法。这时必须注意保证每个个体都能获得充足的剂量，又要防止一些个体食入量过多而产生中毒，还要根据不同气候、疾病发生过程及动物食量或饮水量的不同，适当调整药物的浓度。

3. 联合用药 两种或两种以上的药物同时或先后应用时，药物在体内产生相互作用，影响药动学和药效学。

（1）*药动学方面* 包括妨碍药物的吸收、改变胃肠道 pH、形成络合物、影响胃排空和肠蠕动、竞争与血浆蛋白结合、影响药物的代谢和影响药物排泄等。

（2）*药效学方面* 包括：①协同作用，联合用药增强药理效应，如增强作用和相加作用；两药合用的效应大于单药效应的代数和，称增强作用；两药合用的效应等于它们分别作用的代数和，称相加作用；在同时使用多种药物时，治疗作用可出现协同作用，不良反应也可能出现同样情况，如第1代头孢菌素的肾毒性可由于合用庆大霉素而增强。②颉颃作用，两药合用的效应小于它们分别作用的总和。

（3）*配伍禁忌* 两种以上药物混合使用可能发生体外的相互作用，出现使药物中和、水解、破坏失效等理化反应，这时可能发生混浊、沉淀、产生气体及变色等外观异常的现象，称为配伍禁忌。例如，在葡萄糖注射液中加入磺胺嘧啶钠注射液，可见液体中有微细的结晶析出，这是磺胺嘧啶钠在 pH 降低时必然出现的结果。

（二）动物方面的因素

动物的种属、年龄、性别、体重、生理状态、病理因素、个体差异等均影响药物的作用。

1. 种属差异 动物品种和生理特点对药物的药动学和药效学往往有很大的差异。在大多数情况下表现为量的差异，即作用的强弱和维持时间的长短不同，如链霉素在不同的动物中半衰期表现出很大差异。有少数药物表现出质的差异，如吗啡对人、犬等表现出抑制作用，而对马、猫、虎等则表现为兴奋作用。此外，还有少数动物因缺乏某种药物的代谢酶，因而对某些药物特别敏感。

2. 生理因素 不同年龄、性别或生理状态动物对同一药物的反应往往有一定差异，这与机体器官组织的功能状态，尤其与肝脏药物代谢酶系统有着密切的关系。如幼龄动物因为肝脏微粒体酶代谢功能不足和/或肾排泄功能不足，其体内药物的消除半衰期往往要长于成年动物。同理，老龄动物亦有上述现象，一般对药物的反应较成年动物敏感，所以临床用药剂量应适当减少。

3. 病理因素 药物的药理效应一般都是在健康动物试验中观察得到的，动物在病理状态下对药物的反应性存在一定程度的差异。不少药物对疾病动物的作用较显著，甚至要在动物病理状态下才呈现药物的作用，如解热镇痛抗炎药能使发热动物降温，但对正常体温没有影响。大多数药物主要通过与靶细胞受体相结合而产生各种药理效应，在各种病理情况下，药物受体的类型、数目和活性可以发生变化而影响药物的作用。严重的肝、肾功能障碍，可影响药物的生物转化和排泄，对药物动力学产生显著的影响，引起药物蓄积，延长消除半衰期，从而增强药物的作用，严重者可能引发毒性反应。但也有少数药物在肝生物转化后才有作用，如可的松、泼尼松，在肝功能不全的患病动物中其作用减弱。炎症过程可使动物的生物膜通透性增加，影响药物的转运。严重的寄生虫病、失血性疾病或营养不良的动物，由于血浆蛋白质大大减少，可使高血浆蛋白结合率药物的血中游离药物浓度增加，一方面使药物作用增强，同时也使药物的生物转化和排泄增加，消除半衰期缩短。

4. 个体差异 产生个体差异的主要原因是动物对药物的吸收、分布、代谢和排泄的差异，其中代谢是最重要的因素。不同个体之间的酶活性可能存在很大的差异，从而造成药物代谢速率上的差异。因此，相同剂量的药物在不同个体中，有效血药浓度、作用强度和作用维持时间可产生很大差异。

个体差异除表现药物作用量的差异外，有的还出现质的差异，个别动物应用某些药物后容易产生变态反应。

（三）饲养管理和环境因素

动物机体的健康状态对药物的效应可以产生直接或间接的影响。动物的健康主要取决于饲养和管理水平。饲养方面要注意饲料营养全面，根据动物不同生长时期的需要合理调配日粮成分，以免出现营养不良或营养过剩。管理方面应考虑动物群体的大小，防止密度过大，房舍的建设要注意通风、采光和动物活动的空间，要为动物的健康生长创造良好的条件。

二、合理用药原则

合理用药原则是指充分发挥药物的疗效和尽量避免或减少可能发生的不良反应。

1. 正确诊断 任何药物合理应用的先决条件是正确的诊断，没有对动物发病过程的认识，药物治疗便是无的放矢，不但没有好处，反而可能延误诊断，耽误疾病的治疗。在明确诊断的基础上，严格掌握药物的适应证，正确选择药物。

2. 用药要有明确的指征 每种疾病都有特定的发病过程和症状，要针对患病动物的具体病情，选用药效可靠、安全、方便给药、价廉易得的药物制剂。反对滥用药物，尤其不能滥用抗菌药物。将肾上腺皮质激素当做一般的解热镇痛或者消炎药使用都属于不合理使用。对不明原因的发热、病毒性感染等随意使用抗生素也属于不合理使用。

3. 熟悉药物在动物的药动学特征 根据药物在动物体的药动学特征，制订科学的给药方案。药物治疗的错误包括选错药物，但更多的是给药方案的错误。执业兽医在给食品动物用药时，要充分利用药动学知识制订给药方案，在取得最佳药效的同时尽量减少毒副作用、避免细菌产生耐药性和导致动物性食品中的兽药残留。良好的执业兽医必须掌握在药效、毒副作用和兽药残留几方面取得平衡的知识和技术。

4. 制订周密的用药计划 根据动物疾病的病理生理学过程和药物的药理作用特点以及它们之间的相互关系，药物的疗效是可以预期的。几乎所有的药物不仅有治疗作用，也存在不良反应，临床用药必须记住疾病的复杂性和治疗的复杂性，对治疗过程做好详细的用药计划，认真观察将出现的药效和不良反应，随时调整用药计划。

5. 合理的联合用药 在确定诊断以后，兽医师的任务就是选择有效、安全的药物进行治疗，一般情况下应避免同时使用多种药物（尤其抗菌药物），因为多种药物治疗极大地增加了药物相互作用的概率，也给患病动物增加了危险。除了具有确实的协同作用的联合用药外，要慎重使用固定剂量的联合用药，因为它使执业兽医失去了根据动物病情需要去调整药物剂量的机会。

明确联合用药的目的，即增强疗效、降低毒副作用、延缓耐药性的发生。①增强疗效，如磺胺类药物与甲氧苄啶、林可霉素与大观霉素联合使用提高抗菌能力、扩大抗菌谱；青霉素类和氨基糖苷类抗生素联合使用，促进氨基糖苷类药物进入细胞，增强杀菌作用。②降低毒性和减少副作用，如磺胺药与碳酸氢钠合用，可减少磺胺药的不良反应。③对付耐药菌，如阿莫西林与克拉维酸合用可治疗耐药金黄色葡萄球菌感染。

6. 正确处理对因治疗与对症治疗的关系 一般用药首先要考虑对因治疗，但也要重视对症治疗，两者巧妙地结合将能取得更好的疗效。中医理论对此有精辟的论述："治病必求其本，急则治其标，缓则治其本"。

7. 避免动物性产品中的兽药残留 食品动物用药后，药物的原形或其代谢产物和有关杂质可能蓄积、残存在动物的组织、器官或食用产品中，这样便造成了兽药在动物性食品中的残留（简称"兽药残留"）。使用兽药必须遵守《兽药典》的有关规定，严格执行休药期（停止给药后到允许食品动物屠宰上市的时间），以保证动物性产品兽药残留不超标。

8. 疫苗免疫注意事项 各养殖场应根据本场所养殖动物种类、品系、疫病流行特点和季节变化，制订相应的疫苗免疫程序。使用疫苗前应注意：凡包装不合格、批号不清楚、不符合运输要求的生物制品不能使用。严格按照说明书和标签上的各项规定使用生物制品，不得任意改变，并详细记录制品名称、批号、使用方法和剂量等内容。接种活疫苗前1周和接种后10d，不得以任何方式或途径给予任何抗菌药物。各种活疫苗应按照制品规定的稀释液稀释后使用。活疫苗作饮水免疫时，不得使用含消毒剂的水。

三、安全使用常识

兽药使用过程中应切记以下常识：

（1）兽药的合理选择是建立在对疾病的正确诊断基础之上的，动物在发病之后，一定要迅速及时地对疾病进行准确诊断，然后才能准确选择最合适的药物进行治疗。

（2）应严格遵守兽药的标签使用原则，根据兽药的适应证选择合适的兽药制剂，并严格按照国家规定的用量与用法使用兽药，严禁超量或超疗程使用。

（3）用药过程中应准确做好各项记录，包括选用的药物、给药间隔时间、给药剂量、给药途径和疗程等。对于饮水及混饲给药，还应仔细记录动物的饮水及采食饲料情况。

（4）食品动物用药过程中应严格遵守休药期的规定，严防兽药在动物可食性组织及产品中的残留。

（5）有条件的养殖场可适当开展本场常见致病菌的敏感性调查，筛选出有效的抗菌药物。

（6）平时做好疾病预防工作，及时做好疫苗接种，做好动物舍的清扫及消毒工作。

（7）严格遵循国家及农业农村部等制定的各项规章制度，如严禁使用违禁药物，严禁将人用药品用于动物，严格遵守兽用处方药的使用及管理制度等。

四、兽药质量快速识别

1. 选购兽药时注意事项　养殖场（户）在选购兽药时，需要注意以下几个方面。

（1）如从兽药生产厂采购，应选择持有兽药生产许可证和兽药GMP合格证的正规兽药厂生产的产品。

（2）如从兽药经营店选购，应选择持有兽医行政管理部门核发的兽药经营许可证和工商部门核发的营业执照的兽药经营单位购买。

（3）如从网络购买，应检查平台是否合法，是否持有兽医行政管理部门核发的兽药经营许可证和工商部门核发的营业执照。

(4) 检查兽药产品是否有兽药产品批准文号或进口兽药登记许可证号。兽药产品批准文号有效期为5年，过期文号的产品属于假兽药。

(5) 检查兽药包装上是否印制了兽药产品的电子身份证——二维码唯一性标识。

(6) 选择农业农村部兽药产品质量通报中的合格产品，不选择农业农村部公布的非法兽药企业生产的产品及合法兽药企业确认非本企业生产的涉嫌假兽药产品。

(7) 不购买农业农村部淘汰的兽药、规定禁用的药品或尚未批准给家兔使用的兽药产品。

(8) 注意兽药产品的生产日期和使用期限，不要购买和使用过期的兽药产品。

(9) 不要购买和使用变质的兽药产品。

(10) 选择产品包装、标签、说明书符合国家标准规范的产品。成件的兽药产品应有产品质量合格证，内包装上附有检验合格标识，包装箱内有检验合格证。

(11) 参照广告选择兽药时，必须选择有省部级审核的广告批准文号的产品。

2. 选购兽药时应检查的内容 采购兽药时，首先要查看外包装，最为明显的就是二维码。在兽药包装上印制二维码唯一性标识，解决了兽药产品“是谁（的）＋从哪里来＋到哪里去了”的问题，通过网络、手机、识读设备等多种途径查询相关内容，以达到对兽药产品进行标识和追踪溯源，实现全国兽药产品生产出入库可记录、信息可查询、流向可追踪和责任可追查的目的。目前，正规企业生产的每一个兽药产品（瓶/袋）都有二维码，就是兽药产品的电子身份证。采购员、仓库管理员、兽医都可以使用手机、识读设备等扫描，通过网络实现与中央数据库的连接，查询兽药产品相关信息，实现兽药产品可追溯。扫描兽药二维码标识可呈现的信息包括：兽药追溯码、产品名称、批准文号、企业简称、联系电话。

外包装上除了二维码之外，还可以看到商品名称，此外要看是否标有生产许可证和兽药 GMP 证书编号、兽药的通用名称、产品批准文号、产品批号、有效期、生产厂名、详细地址和联系电话，是否有产品使用说明书，说明书上标注的项目是否齐全。兽药的包装、标签及说明书上必须注明以下信息：产品批准文号、注册商标、生产厂家、厂址、生产日期（或批号）、药品名称、有效成分、含量、规格、作用、用途、用法用量、注意事项、有效期等。

再就是观察兽药的外包装是否有破损、变潮、霉变、污染等现象，用瓶包装的兽药产品应检查瓶盖是否密封，封口是否严密，有无松动，有无裂缝甚至药液漏出等现象。同时应检查兽药产品的外观、性状是否有异常，如标准规定的颜色发生变化，粉剂出现不应有的结块，注射液出现絮状物沉淀等。

3. 假劣兽药的快速鉴别　根据《兽药管理条例》的规定，假、劣兽药有以下几种情形。

（1）假兽药　有以下情形之一的，为假兽药：①以非兽药冒充兽药或者以他种兽药冒充此种兽药的。②兽药所含成分的种类、名称与兽药国家标准不符合的。

有以下情形之一的，按假兽药处理：①国务院兽医行政管理部门规定禁止使用的。②依照《兽药管理条例》规定应当经审查批准而未经审查批准即生产、进口的，或者依照《兽药管理条例》规定应当经抽查检验、审查核对而未经抽查检验、审查核对即销售、进口的。③变质的。④被污染的。⑤所标明的适应证或者功能主治超出规定范围的。

（2）劣兽药　有以下情形之一的，为劣兽药：①成分含量不符合兽药国家标准或者不标明有效成分的。②不标明或者更改有效期或超过有效期的。③不标明或者更改产品批号的。④其他不符合兽药国家标准，但不属于假兽药的。

（3）检查鉴别假劣兽药时的注意事项　①查产品批准文号。一是兽药生产企业没有获得批准，其生产的兽药产品必然没有产品批准文号；二是合法兽药生产企业没有取得批准文号或挪用其他产品批准文号，这些均作假兽药处理。②查兽药名称。兽药名称包括法定通用名称（兽药典和国家标准中载明的兽药名称）和商品名，兽药产品标签、说明书、外包装必须印制法定通用名称，有商品名的应同时印制，但商品名与通用名称的大小比例不得超过2∶1。③查是否属于淘汰的兽药、规定禁用的药品或尚未批准在家兔使用的兽药产品，生产、销售淘汰的兽药、规定禁用的药品或尚未批准在家兔使用的兽药产品应做假兽药处理。④查兽药的有效期。超过有效期的兽药即可认定为劣兽药。⑤查产品批号。兽药产品的批号一般由年、月、日、批次组成，并一次性激光打印或印刷，字迹清晰，无涂污修改。任何修改即可认定为劣兽药。⑥查产品规格。核查标签上标示的规格与兽药的实际是否相符，标示装量与实际装量是否相符。⑦查产品质量合格证。兽药包装内应附有产品质量合格证，无合格证的产品不得出厂，经营单位不得销售。

4. 发现假劣兽药后的投诉　为进一步加大兽药违法案件查处工作力度，2006年11月7日，农业部通过中国农业信息网、中国兽药信息网和《农民日报》，将各省（自治区、直辖市）兽医行政管理部门兽药违法案件举报电话（表1-1）统一向社会公布（农办医[2006]58号），并要求各省（自治区、直辖市）兽医行政管理部门采取多种形式，加强宣传，主动接受社会监督，做好举报电话值守，认真受理举报案件，依法查处违法行为，以净化市场，维护合法兽药企业和广大农牧民的权益。

表1-1 全国兽药违法案件举报电话名录

序号	单位名称	举报电话
1	农业农村部畜牧兽医局	010-59192829 010-59191652（传真）
2	北京市农业局 北京市动物卫生监督所	010-82078457 010-62268093-801
3	天津市畜牧局	022-28301728
4	河北省畜牧兽医局	0311-85888183
5	山西省兽药监察所	0351-6264649（传真）
6	内蒙古自治区农牧业厅	0471-6262583；6262652
7	辽宁省动物卫生监督管理局	024-23448298；23448299
8	吉林省牧业管理局	0431-2711103；8906641
9	黑龙江省畜牧兽医局	0451-82623708
10	河南省畜牧局	0371-65778775
11	湖北省畜牧局	027-87272217
12	江西省畜牧兽医局	0791-85000985
13	湖南省畜牧水产局	0731-8881744
14	福建省农业厅畜牧兽医局	0591-87816848
15	安徽省农业委员会畜牧局	0551-2650644
16	上海市兽药饲料监督管理所	021-52164600
17	山东省畜牧办公室	0531-87198085
18	江苏省兽药监察所	025-86263243；86263659
19	浙江省畜牧兽医局	12316
20	广东省农业厅畜牧兽医办公室	020-37288285
21	广西壮族自治区水产畜牧局	0711-2814577
22	海南省畜牧兽医局	0898-65338096
23	重庆市农业局	023-89016190；89183743
24	云南省畜牧兽医局	0871-5749513
25	贵州省畜牧局	0851-5287855；5286424
26	四川省畜牧食品局	028-85561023
27	陕西省畜牧兽医局	029-87335754

（续）

序号	单位名称	举报电话
28	甘肃省农牧厅	0931－8834403
29	青海省农牧厅畜牧兽医局	0971－6125442
30	宁夏回族自治区兽药饲料监察所	0951－5045719
31	新疆维吾尔自治区畜牧兽医局	0991－8565454
32	西藏自治区农牧厅办公室	0891－6322297

发现假劣兽药后，可以拨打上述电话或亲自到上述部门举报，也可向所在地市、县兽医行政管理部门举报。

第三节　兔场用药选择

一、家兔的生物学特点

家兔是由野生穴兔驯化而来的。长期自然选择使穴兔具有适应环境的某些生活习性和特点，如打洞穴居、夜行性生活习性以及食草性特点等。虽然家兔的生活环境发生了很大变化，但仍不同程度地保留着其原始祖先的生活习性和生物学特性。了解家兔的生物学特性，可科学地指导给药用药，提高药物的使用效果。

（一）家兔的生活习性

1. 夜行性　家兔具有昼伏夜行的习性，表现为夜间非常活跃，而白天较为安静，除觅食时间外，常常在笼子内闭目睡眠或休息，采食和饮水也是夜间多于白天。据统计，自由采食情况下，家兔夜间采食量和饮水量占全日量的65%以上。家兔夜间产仔的比例也远远高于白天。

2. 嗜眠性　家兔白天在一定条件下很容易进入睡眠状态。在此状态下的家兔，除声音外其他刺激不易引起兴奋，如视觉消失、痛觉迟钝或消失。掌握家兔的嗜眠性，可通过人工催眠方法催眠家兔，在进行打耳号、去势、投药、注射、创伤处理时，可不必使用麻醉剂，免除药物引起的副作用，既经济又安全。具体方法是：将家兔腹部朝上、背部向下仰卧保定在V形固定架上或者其他适当的器具上，然后顺毛方向抚摸其胸、腹部，同时用食指和拇指按摩头部的太阳穴部位，家兔很快就进入完全睡眠状态。主要表现为：①眼睛半闭斜视。②全身肌肉松弛，头后仰。③出现均匀的深呼吸。

3. 穴居性　家兔具有打洞穴、在洞内产仔生活的本能行为。只要不人为限制，家兔一接触土地，就要挖洞穴居，尤其是妊娠后期的母兔为甚。家兔打洞这一习性在放养情况下，会造成放养场地的破坏，也不利于给药用药。

4. 胆小怕惊　家兔耳长大，听觉灵敏，耳能竖起并能灵活转动收集各方向的声响，以便逃避敌害。一旦发现异常情况便会精神高度紧张，用后足拍击地面向同伴报警，并迅速躲避。动物（犬、猫、鼠、鸟等）闯入、闪电掠过、陌生人接近、突然噪声（如鞭炮声、雷声、动物狂叫声、物体撞击声、人的喧哗声）等，都会使兔群发生惊场现象：精神高度紧张，在笼内狂奔乱窜，呼吸急促，心跳加快。俗话说“一次惊场，三天不长”，惊场后妊娠母兔常出现流产、早产的现象；分娩期母兔常出现停产、难产、死产的现象；哺乳母兔也常拒绝哺乳仔兔，甚至发生将仔兔咬死、踏死或吃掉的情况；而幼龄家兔则常出现消化不良、腹泻、胀肚，影响生长发育并易诱发其他疾病。因此，在给药用药时应尽量避免“惊场”。

5. 喜清洁、爱干燥　家兔喜爱清洁干燥的生活环境。平时家兔休息时总是卧在较干燥和较高的地方。清洁干燥的环境有利于保持家兔身体健康，而潮湿污秽的环境，可诱发家兔的真菌性皮肤病、疥癣病、脚皮炎、腹泻、球虫病、传染性鼻炎等疾病。

6. 群居性较差 与旷兔比较，家兔有一定的群居性。但是，这种群居性并不强。家兔的早龄期（仔兔和幼龄家兔）有较强的群居性。而这种群居性是一种社会性表现，以便相互依靠（如气温低时相互保温，遭遇天敌时相互通报信息和壮胆）。但是，伴随着日龄的增长，性成熟期的到来，这种群居性会越来越差。尤其是性成熟之后的公兔，“敌视”同性现象比较严重，相互咬斗现象时有发生。母兔之间的相互咬斗也偶尔发生，但远比公兔轻。

7. 嗅觉、味觉和听觉灵敏，视觉相对较差 家兔鼻腔黏膜上分布有众多的嗅觉细胞，对于不同的气味反应灵敏。家兔采食饲料一般通过鼻子闻，当气味正常后，才开口采食。家兔的味觉同样发达，在其舌头表面分布着数以千计的味蕾细胞，以辨别饲料或饮水的不同味道。家兔喜欢采食带有甜味的饲料，以及微酸、微辣、植物苦味的饲料，而不喜欢药物苦味的饲料。当饲料中添加了家兔不喜欢采食的药物时，需要对饲料的味道进行校正。欧美一些国家常在饲料中添加一定的蜂蜜或糖浆，不仅增加了饲料的甜度诱导家兔采食，同时可增加饲料的黏合度，使饲料成型，减少粉尘率。家兔的听觉同样非常发达。长大直立的双耳恰似声波的收集器，转动灵活，随时转向声音发出的方向。同时，可以判断声音的远近和声波的大小。但是，其发达的听觉给我们平时的饲养管理带来不少的麻烦，因略有响动便可引起家兔的警觉，甚至出现局部乃至全群的骚动，即前面所说的“惊场”。与嗅觉、味觉或听觉相比，家兔的视觉要差一些。家兔的视力范围很广，但视力不太好。同时家兔是色盲，只能够分辨有限的颜色。家兔远视能力较好，但对近距离的东西看不到或看不清楚。家兔在暗光的情况下看东西最为清楚。了解家兔的“四觉”特性，对于我们日常给药用药是非常重要的，可用其利、避其弊，减少给药用药麻烦。

8. 啮齿性 家兔的门齿是恒齿，出生时就有，永不脱换，且终生生长。如果处于完全生长状态，上颌门齿每年可生长 10cm，下颌门齿每年可生长 12cm，家兔必须借助采食和啃咬硬物，不断磨损，才能保持其上下门齿的正常咬合。这种借助啃咬硬物磨牙的习性，称为啮齿行为，这与鼠类相似。

（二）家兔的食性

1. 草食性 家兔属于单胃食草动物，以植物性饲料为主，主要采食植物的根、茎、叶和种子。家兔消化系统的解剖特点决定了其为草食性。兔的上唇纵向裂开，门齿裸露，适于采食地面的矮草，亦便于啃咬树枝、树皮和树叶。兔的门齿有 6 枚，呈凿形咬合，便于切断和磨碎食物；兔臼齿咀嚼面宽，且有横脊，适于研磨草料。兔的盲肠极为发达，其中含有大量的微生物，起着牛、羊等反刍动物瘤胃的作用。草等粗饲料是家兔日粮结构的最重要组成部分，不仅仅给家兔提供营养，还是维持家兔消化系统机能正常的最重要因素。粗饲料的作用是任何其他饲料不可取代的。

2. 素食性 家兔喜欢采食植物性饲料，而不喜欢采食动物性饲料。家兔不喜欢动物性饲料是由于不喜欢动物性饲料的腥味。当对动物性饲料进行脱腥处理之后，就会改善家兔对动物性饲料的采食性。事实上，动物性饲料的蛋白含量更高、氨基酸更平衡、营养更全面、生物学价值更理想，在家兔的特殊生理阶段补充一定的动物性饲料是非常必要的。例如，母兔泌乳期添加一定的动物性饲料，可以明显提高泌乳能力。在家兔换毛期添加动物性饲料，可以加速被毛的脱换。在长毛兔被毛快速生长期添加动物性饲料，可提高毛的产量和质量。同样，在商品獭兔的育肥早期添加一定的优质动物性饲料，会促进毛囊分化，提高被毛密度和毛皮质量。

3. 择食性 家兔对不同饲料的亲和度或喜欢程度是不同的。比如，在植物性饲料和一般的动物性饲料中间选择，其更喜欢采食植物性饲料；在饲草中，家兔喜欢吃豆科、十字花科、菊科等多汁多叶性植物，不喜欢吃禾本科的植物，如稻草之类；喜欢吃植株的幼嫩部分，不喜欢吃粗劣的茎秆；喜欢植物幼苗期，而不喜欢植物的枯黄期。家兔喜欢吃粒料，不喜欢吃粉料。在不同味道的饲料中，家兔更喜欢吃带有甜味的饲料。家兔喜欢采食含有植物油的饲料，因植物油是一种香味剂，可吸引家兔采食，同时植物油中含有家兔需要的必需脂肪酸，有助于脂溶性维生素的补充与吸收。国外家兔生产中，一般在配合饲料中添加一定比例的玉米油，以改善日粮的适口性，提高家兔的采食量和增重速度。

4. 嗅食性 家兔具有鼻闻习性，通过鼻子敏感的嗅觉判断饲料的优劣。由于其在采食的时候一边呼吸一边采食，如果饲料中带有粉末，很容易将粉状饲料吸入鼻腔，诱发粉尘性鼻炎。

5. 啃食性 家兔发达的门齿终生生长，通过啃咬较坚硬的物体磨损牙齿，以便保持牙齿适宜的长度。通过锐利的门齿啃咬、切断食物（如牧草、块根、块茎），将食物摄入口中。但生产中发现一些异食现象，如啃毛、啃脚、啃木、啃墙等，多由于营养代谢性疾病引起。

6. 扒食性 家兔发达的前肢长有五爪，是获得饲料营养的辅助工具。有时会发现家兔扒食现象，既将饲料槽中的饲料扒出，造成饲料的污染和浪费。扒食现象的原因有多种：一是饲料的适口性不佳，家兔不喜欢采食，通过扒食表示对饲料的厌恶。二是饲料搅拌不匀，通过扒食，寻找自己爱吃的食物。三是母兔妊娠反应，在妊娠中期，一些母兔由于体内激素异常导致情绪波动，出现厌食和性情急躁，常常出现扒食现象。这种现象待激素平衡后可很快消失。四是家兔有扒食癖。

7. 食粪性 家兔具有采食自己部分粪便的本能行为。家兔的这种行为是正常的生理现象，是对家兔本身有益的习性。患病家兔、尤其是患消化系统疾病的家兔，常失去这种行为。家兔的食粪行为具有重要的生理意义：一是家兔通过吞食软粪得到附加的大量微生物菌体蛋白。这些蛋白质在生物学上是全价的。据报道，通过食粪，1只家兔每天可以多获得2g蛋白质，相当于日需要量的1/10。同时，在微生物酶的作用下，对饲料中的营养物质特别是纤维素进行了二次消化。二是家兔的食粪习性延长了饲料通过消化道的时间，提高了饲料的消化吸收效率。三是家兔食粪有助于维持消化道正常微生物菌群。四是缓解一些营养缺乏性疾病。无论采食软粪还是硬粪，虽营养含量悬殊，但对于家兔的营养补充是非常有益的。

二、家兔用药的给药方法

（一）自行采食

此法多用于大群预防性给药或驱虫。适用于毒性小、无不良气味的药物，可依药物的稳定性和可溶性按一定比例拌入饲料或饮水中，任由家兔自行采食或饮用。对于规模化兔场来说，通过拌料饲喂或者饮水给药无疑是最为方便易行的。

（二）口服

如果需要给家兔服药丸，先尝试直接饲喂。如果家兔不吃，可把药丸塞进切开的葡萄干再行饲喂，或者将药丸碾碎，混入家兔喜欢吃的软性食物中，家兔会自己将混有药物的食物吃掉。如果这些方法都失败了，可将药物碾碎，混入食物并加入少量水稀释，用不带针头的注射器抽吸混合物喂给家兔。

液体药物通常采用两种方法喂服：一是用注射器直接给家兔灌饲；二是与其他食物混合，观察家兔是否自行食用。通过注射器将药物送到家兔口内的方法为：将家兔保定好，轻轻将注射器从门齿与臼齿间的缝隙插入口中，缓慢将液体注射进去，以保证家兔可以轻松地吞食。注射太快，家兔就会试图将大部分药物吐出来；而注射器插得太深，则可能直接将药物灌入咽部而呛着家兔。

（三）灌服

有特殊气味的药物或患病家兔已不能采食者，可用此法。把药碾细加入少量水调匀，将汤匙倒执（即让药液从柄沟流入家兔口内）喂药，也可用去掉针头的注射器或滴管吸药液，从家兔口角徐徐灌入。

（四）注射

注射给药药量准、节省药物、吸收快、药效快、安全。但必须注意药物质量及注射前消毒注射器、针头，注射部位也应严格消毒。给患病家兔注射，一定要每注射一只家兔更换一个针头，以免疾病扩散传播。

1. 皮下注射 选择颈部、肩前、腋下、股内侧或股下皮肤松弛、易移动的部位，用75%酒精棉球消毒。注射人员左手拇指、食指和中指捏起兔的皮肤呈三角形，右手持针刺入皮下，角度倾斜，不能垂直刺入，慢慢推入药液后，左手放开皮肤，拔出针头后，用挤干的酒精棉球轻压针孔片刻。皮下注射主要用于疫苗接种，若用于皮下补液，每个注射点不超过5mL。

2. 肌内注射 选择肌肉丰满的大腿外侧或内侧部位，局部消毒后将针头刺入一定深度，回抽无回血后，缓缓注药。注射时注意不要损伤血管、神经和骨骼。强刺激剂（如氯化钙等）不能肌内注射。本法一般适用于水剂、油剂和混悬剂。

3. 静脉注射 首先将患病家兔用手术台或保定器保定好。一般取耳外缘静脉剪毛注射，家兔静脉不明显时，注射人员可用手指弹击耳壳数下或用酒精棉球反复涂擦刺激静脉处皮肤，直至静脉充血怒张，立即用左手拇指与无名指及小指相对，捏住耳尖部，针头沿着耳缘静脉刺入。

4. 腹腔注射 方法是握住家兔的后肢倒提，在最后乳头外侧先行皮肤消毒，再将针尖刺入腹腔。同时回抽活塞，如无液体、血液及肠内容物，可注入药液。若补液则应将药液加热至接近体温。要注意的是：腹腔注射用的针头不宜粗、大，最好用5～6号针头；刺针不宜过深，因腹壁较薄，以免损伤内脏，进针部位以全针长的1/4～1/3为宜，最好在喂食后2～3h进行腹腔注射。

5. 局部注射 家兔发生乳房炎时，应用局部多点注射效果较好，可以较快控制病情发展。

三、家兔用药的注意事项

（一）根据病情选用药物

根据发病情况、剖检病变并结合实验室诊断技术，弄清致病微生物的种类，并选择合适的药物。对于细菌性致病菌，最好结合药敏试验结果选择敏感的抗菌药。此外，长期应用某一种或某些药物时，容易产生耐药性，应不同药物交叉使用，可大大提高用药效果。

（二）合理选择给药途径

兔群给药途径很多，有群体给药、个体给药和体表给药等，应根据不同的用药目的合理选择给药途径。注射给药法，具有剂量准确、药效发挥迅速、稳定的特点。饮水和拌料给药适合大群投药，对于溶解性强的、易溶于水的药物，可采用饮水给药；但禁止在流水中投药，避免药液浓度不均匀，影响疗效或引发中毒。难溶于水或不溶于水且疗效较好的抗生素，可拌料给药。

1. 混料给药

（1）*准确掌握混料浓度* 进行混料给药时，应按照拌料给药浓度，准确计算所用药物的剂量。若按体重给药，应严格计算总体重，按照要求把药物拌进料内。药物的用量要准确称量，切不可估计、大约，以免造成药量过小或过大。

（2）*确保用药混合均匀* 为了使所有兔都能吃到大致相等的药物，必须把药物和饲料混合均匀。先把药物和少量饲料混匀，然后将混有药物的饲料加入到大批饲料中，继续混合均匀。加入饲料中的药量越小，越要注意先用少量饲料进行预混，直接将药加入大批饲料中是很难混匀的。容易引起药物中毒或副作用大的药物更应注意混合均匀。切忌把全部药量一次加入到所需饲料中简单混合，以免造成一部分兔只药物中毒，另一部分家兔又吃不到药，达不到防治目的。

（3）*用药后密切注意有无不良反应* 有些药物混入后，可与饲料中某些成分产生颉颃作用，这时应密切注意不良作用。如饲料中长期混合磺胺类药物，易引起B族维生素和维生素K缺乏，这时应适当补充这些维生素。另外，还要注意有无中毒等反应。

2. 饮水给药

（1）所用药物应易溶于水，且在水中性质较稳定。

（2）注意水质对药物的影响，水的pH以呈中性为好。

（3）*给药前停水，保证药效* 如以体重比例给药，为保证兔只饮入适量的药物，应在用药前让整个兔群停止饮水一段时间。一般寒冷季节停水3～4h，气温较高季节停水1～2h，然后换上加有药物的饮水，让家兔在一定时间内喝到充足的药水。

（4）*准确认真，按量投药* 如按水的比例给药，为保证家兔能喝到一定量的药物，必须保证水中持续含有一定比例的药物。

3. 经口投药 将药物制成液体（或混悬液），经口缓慢灌服，让家兔自己吞咽下去。避免灌入过快，家兔来不及吞咽，引起窒息死亡。粉剂或片剂直接口服，家兔容易吐出来，不能起到治疗的作用。

4. 注射给药 肌内或皮下注射，针头由前向后斜刺1～2cm后注射。腿部肌内注射时要避开大的血管。

（三） 严格掌握药物剂量，制订合理的用药疗程，以达到治疗的最佳效果。避免出现药量太小起不到治疗作用，药量太大造成浪费或可引起机体不良反应。

（四） 注意药物的配伍禁忌，合理的联合用药可以提高治疗效果。

（五） 家兔对不同药物的敏感性差异很大，用药时须严格按剂量给药。

（六） 严格按照药物使用说明书用药并遵守药物的休药期。

四、家兔免疫程序

目前，国内上市的兔用疫苗仅有兔病毒性出血症、兔多杀性巴氏杆菌病、兔产气荚膜梭菌病三个疾病的灭活疫苗（单苗、二联苗、三联苗），如下免疫程序供参考。

1. 商品肉兔免疫程序

（1）商品肉兔（70日龄内出栏） 免疫程序见表1-2。

表1-2 70日龄内出栏的商品肉兔的免疫程序

日 龄	疫苗种类	剂 量	免疫途径
35～40	兔病毒性出血症、多杀性巴氏杆菌病二联灭活苗	2mL	皮下注射
	多杀性巴氏杆菌病灭活苗＋兔病毒性出血症（兔瘟）灭活苗	1mL＋2mL	皮下注射

（2）商品肉兔（70日龄以上出栏） 免疫程序见表1-3。

表1-3 70日龄以上出栏的商品肉兔的免疫程序

日 龄	疫苗种类	剂 量	免疫途径
35～40	兔病毒性出血症、多杀性巴氏杆菌病二联灭活苗	2mL	皮下注射
	多杀性巴氏杆菌病灭活苗＋兔病毒性出血症（兔瘟）灭活苗	1mL＋2mL	皮下注射
60～65	兔病毒性出血症、多杀性巴氏杆菌病、兔产气荚膜梭菌病（魏氏梭菌病）三联灭活苗	2mL	皮下注射
	兔病毒性出血症、多杀性巴氏杆菌病二联灭活苗＋兔产气荚膜梭菌病（魏氏梭菌病）灭活苗	1mL＋2mL	皮下注射

2. 商品獭兔、毛兔幼兔免疫程序 免疫程序见表1-3。

3. 种兔（包括肉兔、獭兔、毛兔）**及产毛成年兔** 免疫程序见表1-4。

表1-4 种兔及产毛兔的免疫程序

免疫次数	疫苗种类	剂 量	免疫途径
第1次	兔病毒性出血症、多杀性巴氏杆菌病、兔产气荚膜梭菌病（魏氏梭菌病）三联灭活苗＋兔病毒性出血症（兔瘟）灭活苗	2mL＋1mL	皮下注射
	兔病毒性出血症、多杀性巴氏杆菌病二联灭活苗＋兔产气荚膜梭菌病（魏氏梭菌病）灭活苗	2mL＋2mL	皮下注射
第2次	兔病毒性出血症、多杀性巴氏杆菌病、兔产气荚膜梭菌病（魏氏梭菌病）三联灭活苗＋兔病毒性出血症（兔瘟）灭活苗	2mL＋1mL	皮下注射
	兔病毒性出血症、多杀性巴氏杆菌病二联灭活苗＋兔产气荚膜梭菌病（魏氏梭菌病）灭活苗	2mL＋2mL	皮下注射

每年2次定期免疫，间隔6个月。

五、家兔免疫注意事项

（1）注射两种疫苗，应间隔5～7d。

（2）注射产气荚膜梭菌病疫苗的时间可根据兔场发病情况适当调整。

（3）怀孕母兔接种产气荚膜梭菌病疫苗或三联苗时，可以分两次注射，每次1mL，间隔10～15d再注射一次，可以减轻副反应。

（4）后备种兔必要时在配种前再注射一次兔瘟苗、二联苗或三联苗。

（5）注射灭活疫苗期间，可以使用药物和消毒。但不要用抑制免疫功能的氯霉素、地塞米松等。

（6）灭活疫苗应在2～8℃下妥善保存，在有效期内使用都是有效的。结冰后的灭活疫苗不得再使用。

（7）除兔瘟疫苗外，其他疫苗注射后在注射部位会有小硬结，这是暂时贮存的免疫佐剂和抗原，有助于增强免疫效果，千万不要弄掉。

（8）注射疫苗要有计划，做好记录，对已注射疫苗兔要有标记，以防漏注造成经济损失。

第四节　兽药管理法规与制度

一、兽药管理法规和标准

1. 兽药管理法规　我国第一个《兽药管理条例》（以下简称《条例》）是1987年5月21日由国务院发布的，它标志着我国兽药法制化管理的开始。《条例》自1987年发布以来，在2001年进行了第一次修订，为适应我国加入 WTO 的形势，2004 年进行了全面修改，并于 2004 年 3 月 24 日经国务院令第 404 号发布并于 2004 年 11 月 1 日起实施。根据《国务院关于修改部分行政法规的决定》，现行《条例》于 2014 年 7 月 29 日再次修订，2016 年 2 月 6 日进行了第三次修订。

为保障《条例》的实施，农业部发布的配套规章有：《兽药注册办法》《处方药和非处方药管理办法》《生物制品管理办法》《兽药进口管理办法》《兽药生产管理规范》《兽药经营质量管理规范》《兽药非临床研究质量管理规范》和《兽药临床试验质量管理规范》等。

2. 兽药标准《兽药典》 《条例》第四十五条规定："国家兽药典委员会拟定的、国务院兽医行政管理部门发布的《兽药典》和国务院兽医行政管理部门发布的其他兽药标准为兽药国家标准"。

根据《中华人民共和国标准化法实施条例》，兽药标准属强制性标准。《兽药典》是国家为保证兽药产品质量而制定的具有强制约束力的技术法规，是兽药生产、经营、进出口、使用、检验和监督管理部门共同遵守的法定依据。它不仅对我国的兽药生产具有指导作用，而且是兽药监督管理和兽药使用的技术依据，也是保障动物源性食品安全的基础。《兽药典》先后有 1990 年、2000 年、2005 年、2010 年、2015 年共五版。

根据农业部第 2513 号公告，发布实施了《兽药质量标准》(2017 年版)，并制定了配套的说明书范本。其中，化学药品卷收载品种共 404 个；中药卷收载药材、制剂与提取物品种共 384 个；生物制品卷收载制剂、疫苗、试剂盒、诊断试剂等品种共 228 个。本标准收载的品种主要来自于历版《兽药典》《兽药质量标准》《兽药国家标准》《兽用生物制品质量标准》等。

二、兽药管理制度

1. 兽药监督管理机构 兽药监督管理主要包括兽药国家标准的发布、兽药监督检查权的行使、假劣兽药的查处、原料药和处方药的管理、上市后兽药不良反应的报告、生产许可证和经营许可证的管理、兽药评审程序及兽医行政管理部门、兽药检验机构及其工作人员的监督等。根据新《条例》的规定，国务院兽医行政管理部门负责全国的兽药监督管理工作。县级以上地方人民政府兽医行政管理部门负责本行政区域内的兽药监督管理工作。

水产养殖动物的兽药使用、兽药残留检测和监督管理以及水产养殖过程中违法用药的行政处罚，由县级以上人民政府渔业行政主管部门及其所属的渔政监督管理机构负责。但水产养殖业的兽药研制、生产、经营、进出口仍然由兽医行政管理部门管理。

2. 兽药注册制度 兽药注册制度，指依照法定程序，对拟上市销售的兽药的安全性、有效性、质量可控性等进行系统评价，并做出是否同意进行兽药临床或残留研究、生产兽药或者进口兽药决定的审批过程，包括对申请变更兽药批准证明文件及其附件中载明内容的审批制度。

兽药注册包括新兽药注册、进口兽药注册、变更注册和进口兽药再注册。境内申请人按照新兽药注册申请办理，境外申请人按照进口兽药注册和再注册申请办理。新兽药注册申请，指未曾在中国境内上市销售的兽药的注册申请。进口兽药注册申请，指在境外生产的兽药在中国上市销售的注册申请。变更注册申请，指新兽药注册、进口兽药注册经批准后，改变、增加或取消原批准事项或内容的注册申请。

3. 标签和说明书要求 对兽药使用者而言，除了《兽药典》规定内容以外，产品的标签和说明书也是正确使用兽药必须遵循的有法定意义的文件。《条例》规定了一般兽药和特殊兽药在包装标签和说明书上的内容。兽药包装必须按照规定印有或者贴有标签并附有说明书，并必须在显著位置注明“兽用”字样，以避免与人用药品混淆。凡在中国境内销售、使用的兽药，其包装标签及所附说明书的文字必须以中文为主，提供兽药信息的标志及文字说明应当字迹清晰易辨，标示清楚醒目，不得有印字脱落或粘贴不牢等现象。

兽药标签和说明书必须经国务院兽医行政管理部门批准才能使用。兽药标签或者说明书必须载明：①兽药的通用名称。即兽药国家标准中收载的兽药名称，通用名称是药品国际非专利名称（INN）的简称，通用名称不能作为商标注册，标签和说明书不得只标注兽药的商品名，按照国务院兽医行政管理部门的有关规定，兽药的通用名称必须用中文显著标示。②兽药的成分及其含量。兽药标签和说明书上应标明兽药的成分和含量，以满足兽医和使用者的知情权。③兽药规格，便于兽医和使用者计算使用剂量。④兽药的生产企业。⑤兽药批准文号（进口兽药注册证号）。⑥产品批号，以便对出现问题的兽药溯源检查。⑦生产日期和有效期。兽药有效期是涉及兽药效能和使用安全的标识，必须按规定在兽药标签和说明书上予以标注。⑧适应证或功能主治、用法、用量、禁忌、不良反应和注意事项等涉及兽药使用须知、保证用药安全有效的事项。

特殊兽药的标签必须印有规定的警示标志。为了便于识别，保证用药安全，对麻醉药品、精神药品、毒性药品、放射性药品、外用药品、非处方兽药，必须在包装、标签的醒目位置和说明书中注明，并印有符合规定的标志。

4. 兽药广告管理 《条例》规定，在全国重点媒体发布兽药广告的，须经国务院兽医行政管理部门审查批准，取得兽药广告审查批准文号。在地方媒体发布兽药广告的，应当经当地省（自治区、直辖市）人民政府兽医行政管理部门审查批准，取得兽药广告审查批准文号。未取得兽药广告审查批准文号的，属于非法兽药广告，不得发布或刊登。

《条例》还规定，兽药广告的内容应当与兽药说明书的内容相一致。兽药的说明书包含有关兽药的安全性、有效性等基本科学信息。主要包括：兽药名称、性状、药理毒理、药物动力学、适应证、用法与用量、不良反应、禁忌证、注意事项、有效期限、批准文号、生产企业等方面的内容。

兽药广告的内容是否真实，对正确地指导养殖者合理用药、安全用药十分重要，直接关系到动物的生命安全和人体健康。因此，兽药广告的内容必须真实、准确、对公众负责，不允许有欺骗、夸大情况。夸大的广告宣传不但会误导经营者和养殖户，而且延误动物疾病的治疗。

三、兽用处方药与非处方药管理制度

兽药是用于预防、治疗、诊断动物疾病或者有目的地调节动物生理机能的特殊商品。合理使用兽药，可以有效防治动物疾病，促进养殖业的健康发展；使用不当、使用过量或违规使用，将会造成动物或动物源性产品质量安全风险。因此，加强兽药监管，实施兽用处方药和非处方药分类管理制度十分必要。同时，将兽药按处方药和非处方药分类管理，有利于促进我国兽药管理模式与国际通行做法接轨。此外，《条例》第四条规定："国家实行兽用处方药和非处方药分类管理制度"，从法律上明确了该管理制度的合法性和必要性。

根据兽药的安全性和使用风险程度，将兽药分为兽用处方药和非处方药。兽用处方药是指凭兽医处方笺才可购买和使用的兽药。兽用非处方药是指不需要兽医处方笺即可自行购买并按照说明书使用的兽药。对安全性和使用风险程度较大的品种，实行处方管理，在执业兽医指导下使用，减少兽药的滥用，促进合理用药，提高动物源性产品质量安全。

根据农业部令 2013 年第 2 号，《兽用处方药和非处方药管理办法》（以下简称《办法》）于 2014 年 3 月 1 日起施行。《办法》涉及目的、分类、管理部门、标识、生产、经营、买卖、处方、使用和罚则 10 个方面的条款共 18 条。《办法》主要确立了以下 5 种制度：

一是兽药分类管理制度。将兽药分为处方药和非处方药，兽用处方药目录的制定及公布，由农业部（现称农业农村部）负责。

二是兽用处方药和非处方药标识制度。按照《办法》的规定，兽用处方药、非处方药须在标签和说明书上分别标注“兽用处方药”“兽用非处方药”字样。

三是兽用处方药经营制度。兽药经营者应当在经营场所显著位置悬挂或者张贴“兽用处方药必须凭兽医处方购买”的提示语，并对兽用处方药、兽用非处方药分区或分柜摆放。兽用处方药不得采用开架自选方式销售。

四是兽医处方权制度。兽用处方药应当凭兽医处方笺方可买卖，兽医处方笺由依法注册的执业兽医按照其注册的执业范围开具。但进出口兽用处方药或者向动物诊疗机构、科研单位、动物疫病预防控制机构等特殊单位销售兽用处方药的，则无需凭处方买卖。同时，《办法》还对执业兽医处方笺的内容和保存作了明确规定。

五是兽用处方药违法行为处罚制度。对违反《办法》有关规定的，明确了适用《兽药管理条例》予以行政处罚的具体条款。

四、不良反应报告制度

不良反应是指在按规定用法与用量正常应用兽药的过程中产生的与用药目的无关或意外的有害反应。不良反应与兽药的应用有因果关系，一般停止使用兽药后即会消失，有的则需要采取一定的处理措施才会消失。

《条例》规定，“国家实行兽药不良反应报告制度。兽药生产企业、经营企业、兽药使用单位和开具处方的兽医人员发现可能与兽药使用有关的严重不良反应，应当立即向所在地人民政府兽医行政管理部门报告”。首次以法律的形式规定了不良反应的报告制度。

有些兽药在申请注册或者进口注册时，由于科学技术发展的限制或者人们认识水平的限制，当时没有发现对环境或者人类有不良影响，在使用一段时间后，该兽药的不良反应才被发现，这时，就应当立即采取有效措施，防止这种不良反应的扩大或者造成更严重的后果。为了保证兽药的安全、可靠，最终保障人体健康，在使用兽药过程中，发现某种兽药有严重的不良反应，兽药生产企业、经营企业、兽药使用单位和开具处方的兽医师有义务向所在地兽医行政主管部门及时报告。

目前，我国尚未建立切实可行的不良反应报告制度，这不利于兽药的安全使用。

家兔的常用药物

目前已明确批准可用于家兔的兽药（规定了家兔明确的用法用量）较少。其中，兽用化学药品有 7 种，兽用疫苗有 13 种，中兽药有 28 种。除此以外，家兔实际生产中可使用的兽药有 30 余种。

第一节　抗　菌　药

凡对细菌和其他微生物具有抑制和杀灭作用的物质统称为抗菌药。抗菌药包括人工合成抗菌药（喹诺酮类等）和抗生素。抗生素是微生物（细菌、真菌和放线菌）的代谢产物，能杀灭或抑制其他病原微生物。

一、抗生素

·氨苄西林·

氨苄西林属 β-内酰胺类抗菌药，具有广谱抗菌作用。对青霉素酶敏感，故对耐青霉素的金黄色葡萄球菌无效。对大肠杆菌、变形杆菌、沙门氏菌、嗜血杆菌、布鲁氏菌和巴氏杆菌等有较强的作用，但这些细菌易产生耐药性；对铜绿假单胞菌不敏感。氨苄西林注射后吸收迅速，血药浓度高，但下降亦快。肌内注射或皮下注射的起始浓度较低，10mg/kg 肌内注射后，5min 血药浓度可达 14.54μg/mL，14min 血药峰浓度达 18.46μg/mL。

【药物相互作用】（1）本品与氨基糖苷类合用，可提高后者在菌体内的浓度，呈现协同作用。

（2）大环内酯类、四环素类和酰胺醇类等快效抑菌剂对本品的杀菌作用有干扰作用，不宜合用。

【作用与用途】β-内酰胺类抗生素。用于氨苄西林敏感菌感染。

【用法与用量】以氨苄西林计。皮下或肌内注射：5～7mg/kg（按体重），每日 2 次，连用 2～3d。

【不良反应】本类药物可出现与剂量无关的过敏反应，表现为皮疹、发热、嗜酸性粒细胞增多、白细胞和血小板减少、贫血、淋巴结病或全身性过敏反应。

【注意事项】对青霉素酶敏感，不宜用于耐青霉素的金黄色葡萄球菌感染。

【休药期】无家兔休药期要求。

【适用剂型】氨苄西林混悬注射液。

·氨苄西林混悬注射液·

本品为氨苄西林钠的注射用粉针剂，性状为乳白色黏性混悬液，兽用处方药。

【作用与用途】主要用于氨苄西林敏感菌引起的败血症、呼吸道、消化道及泌尿生殖道感染。

【用法与用量】以氨苄西林计。皮下或肌内注射：5～7mg/kg（按体重），每日 2 次，连用 2～3d。

【规格】按氨苄西林计算：100mL：15g。

【贮存】密闭保存。

【药物相互作用】【不良反应】【注意事项】【休药期】同氨苄西林。

·氨苄西林钠·

【药物相互作用】（1）氨苄西林钠与下列药物有配伍禁忌：琥乙红霉素、乳糖酸红霉素、盐酸土霉素、盐酸四环素、盐酸金霉素、硫酸卡那霉素、硫酸庆大霉素、硫酸链霉素、盐酸林可霉素、硫酸多黏菌素 B、氯化钙、葡萄糖酸钙、B 族维生素、维生素 C 等。

（2）本品与氨基糖苷类合用，可提高后者在菌体内的浓度，呈现协同作用。

（3）大环内酯类、四环素类和酰胺醇类等快效抑菌剂对本品的杀菌作用有干扰，不宜合用。

【作用与用途】β-内酰胺类抗生素。用于氨苄西林敏感菌感染。

【用法与用量】以氨苄西林计。肌内、静脉注射：10～20mg/kg（按体重），每日 2 次，连用 2～3d。

【不良反应】本类药物可出现与剂量无关的过敏反应，表现为皮疹、发热、嗜酸性粒细胞增多、白细胞和血小板减少、贫血、淋巴结病或全身性过敏反应。

【注意事项】对青霉素酶敏感，不宜用于耐青霉素的金黄色葡萄球菌感染。

【休药期】无家兔休药期要求。

【适用剂型】注射用氨苄西林钠。

·注射用氨苄西林钠·

本品为氨苄西林钠的注射用粉针剂，性状为白色或类白色的粉末或结晶性粉末，兽用处方药。

【作用与用途】主要用于氨苄西林敏感菌引起的败血症、呼吸道、消化道及泌尿生殖道感染。

【用法与用量】以氨苄西林（$C_{16}H_{19}N_3O_4S$）计。肌内注射：

10～20mg/kg（按体重），每日 2 次，连用 2～3d。

【规格】 按 $C_{16}H_{19}N_3O_4S$ 计算：（1）0.5g/瓶。（2）1.0g/瓶。（3）2.0g/瓶。

【贮存】 密闭保存。

【药物相互作用】【不良反应】【注意事项】【休药期】 同氨苄西林钠。

·阿莫西林钠·

阿莫西林钠属β-内酰胺类抗菌药。阿莫西林为半合成广谱青霉素，通过抑制细菌胞壁黏肽合成发挥杀菌作用。对肺炎链球菌、溶血性链球菌、金黄色葡萄球菌、大肠杆菌、巴氏杆菌、沙门氏菌属、流感嗜血杆菌等具有良好的抗菌活性，用于治疗对阿莫西林敏感的革兰氏阳性菌和革兰氏阴性菌感染。

【药物相互作用】（1）氯霉素、红霉素、四环素、磺胺药等抑菌剂可干扰阿莫西林的杀菌活性，不宜与本品合用，尤其在重症感染时。

（2）丙磺酸、阿司匹林、吲哚美辛、保泰松、磺胺类药物可使青霉素在肾小管的排泄减少，血药浓度增高，半衰期延长，毒性增加。

（3）配伍禁忌，重金属中的铜、锌、汞、酸性溶液、氯化剂或还原剂中的羟基化合物及锌化物制造的橡皮管及瓶塞均使本品活力下降。

【作用与用途】 β-内酰胺类抗生素。主要用于治疗对阿莫西林敏感的革兰氏阳性菌和革兰氏阴性菌感染。

【用法与用量】 以阿莫西林计。皮下或肌内注射：5～10mg/kg（按体重），每日 2 次，连用 3～5d。

【不良反应】 偶见过敏反应，注射部位有刺激性。

【注意事项】（1）对青霉素耐药的细菌感染不宜使用。

（2）对青霉素过敏的动物禁用。

【休药期】14d。

【适用剂型】注射用阿莫西林钠。

·注射用阿莫西林钠·

本品为阿莫西林钠的注射用粉针剂，性状为白色或类白色结晶或粉末，兽用处方药。

【作用与用途】主要用于氨苄西林敏感菌引起的败血症、呼吸道、消化道及泌尿生殖道感染。

【用法与用量】以阿莫西林计。皮下或肌内注射：5～10mg/kg（按体重），每日 2 次，连用 3～5d。

【规格】按阿莫西林（$C_{16}H_{19}N_3O_5S$）计算：（1）0.5g/瓶。（2）1.0g/瓶。（3）2.0g/瓶。

【贮存】密闭保存。

【药物相互作用】【不良反应】【注意事项】【休药期】同阿莫西林钠。

·硫酸卡那霉素·

硫酸卡那霉素属氨基糖苷类抗生素，抗菌谱与链霉素相似，但作用稍强。对大多数革兰氏阴性杆菌（如大肠杆菌、变形杆菌、沙门氏菌和多杀性巴氏杆菌等）有强大抗菌作用，对金黄色葡萄球菌和结核分支杆菌也较敏感。铜绿假单胞菌、革兰氏阳性菌（金黄色葡萄球菌除外）、立克次体、厌氧菌和真菌等对本品耐药。与链霉素相似，敏感菌对卡那霉素易产生耐药。与新霉素存在交叉耐药性，与链霉素存在单向交叉耐药性。大肠杆菌及其他革兰氏阴性菌常出现获得性耐药。肌内注射吸收迅速，0.5～1.5h 达血药峰浓度，广泛分布于胸水、腹水和实质器官中，但很少渗入唾液、支气管分泌物和正常脑脊液中。脑膜炎时脑脊液中的药物浓度可提高约1倍。在胆汁和粪便中浓度很低。主要通过肾小球滤过排泄，注射剂量40%～80%以原形从尿中排出，乳汁中可排出少量。

【药物相互作用】（1）与青霉素类或头孢菌素类合用有协同作用。

（2）在碱性环境中抗菌作用增强，与碱性药物（如碳酸氢钠、氨茶碱等）合用可增强抗菌效力，但毒性也相应增强。当pH超过8.4时，抗菌作用反而减弱。

（3）Ca^{2+}、Mg^{2+}、Na^{+}、NH_4^{+}、K^{+}等阳离子可抑制本品的抗菌活性。

（4）与头孢菌素、右旋糖酐、强效利尿药（如呋塞米等）、红霉素等合用，可增强本品的耳毒性。

（5）骨骼肌松弛药（如氯化琥珀胆碱等）或具有此种作用的药物可加强本类药物的神经肌肉阻滞作用。

【作用与用途】氨基糖苷类抗生素。用于治疗败血症及泌尿道、呼吸道感染。

【用法与用量】以卡那霉素计。肌内注射：10～15mg/kg（按体重），每日2次，连用3～5d。

【不良反应】（1）卡那霉素与链霉素一样有耳毒性、肾毒性，而且其耳毒性比链霉素、庆大霉素更强。

（2）神经肌肉阻断作用常由剂量过大导致。

【注意事项】（1）与其他氨基糖苷类有交叉过敏现象，对氨基糖苷类过敏的患兔禁用。

（2）患兔出现脱水或者肾功能损害时慎用。

（3）治疗泌尿道感染时，同时内服碳酸氢钠可增强药效。

（4）Ca^{2+}、Mg^{2+}、Na^{+}、NH_4^{+}、K^{+}等阳离子可抑制本品的抗菌活性。

（5）与头孢菌素、右旋糖酐、强效利尿药、红霉素等合用，可增强本品的耳毒性。

【休药期】28d。

【适用剂型】硫酸卡那霉素注射液、注射用硫酸卡那霉素。

·硫酸卡那霉素注射液·

本品为硫酸卡那霉素的注射用水针剂，性状为无色至淡黄色或淡黄绿色的澄明液体，兽用处方药。

【作用与用途】主要用于卡那霉素敏感菌引起的败血症及泌尿道、呼吸道感染。

【用法与用量】以卡那霉素计。肌内注射：10～15mg/kg（按体重），每日2次，连用3～5d。

【规格】以卡那霉素计：（1）2mL∶0.5g（50万U）。（2）5mL∶0.5g（50万U）。（3）10mL∶1.0g（100万U）。（4）100mL∶10g（1 000万U）。（5）10mL∶0.5g（50万U）。

【贮存】密闭保存。

【药物相互作用】【不良反应】【注意事项】【休药期】同硫酸卡那霉素。

·注射用硫酸卡那霉素·

本品为硫酸卡那霉素的注射用粉针剂，性状为白色或类白色的粉末，兽用处方药。

【作用与用途】主要用于卡那霉素敏感菌引起的败血症及泌尿道、呼吸道感染。

【用法与用量】以卡那霉素计。肌内注射：10～15mg/kg（按体重），每日2次，连用3～5d。

【规格】以卡那霉素计：（1）0.5g（50万U）。（2）1g（100万U）。（3）2g（200万U）。

【贮存】密闭保存。

【药物相互作用】【不良反应】【注意事项】【休药期】同硫酸卡那霉素。

·硫酸庆大霉素·

硫酸庆大霉素属氨基糖苷类抗生素，对大肠杆菌、克雷伯氏菌、变形杆菌、铜绿假单胞菌、巴氏杆菌、沙门氏菌和金黄色葡萄球菌（包括产β-内酰胺酶菌株）均有抗菌作用。多数链球菌（化脓链球菌、肺炎球菌、粪链球菌等）、厌氧菌（类杆菌属或梭状芽孢杆菌属）、结核分支杆菌、立克次体和真菌对本品耐药。肌内注射后吸收迅速而完全。在0.5～1h内达血药峰浓度。皮下或肌内注射的生物利用度超过90%。主要通过肾小球滤过排泄，排泄量占给药量的40%～80%。肌内注射后的消除半衰期，兔为1～2h。

【药物相互作用】（1）庆大霉素与四环素、红霉素等合用可能出现颉颃作用。

（2）与头孢菌素、右旋糖酐、强效利尿药（如呋塞米等）、红霉素等合用，可增强本品的耳毒性。

（3）骨骼肌松弛药（如氯化琥珀胆碱等）或具有此种作用的药物可加强本品的神经肌肉阻滞作用。

【作用与用途】氨基糖苷类抗生素。用于革兰氏阴性和阳性细菌感染。

【用法与用量】以庆大霉素计。肌内注射：2～4mg/kg（按体重），每日2次，连用2～3d。

【不良反应】（1）耳毒性。常引起耳前庭损害，这种损害可随连续给药的药物积累而加重，呈剂量依赖性。

（2）偶见过敏反应。

（3）大剂量可引起神经肌肉传导阻断。

（4）可导致可逆性肾毒性。

【注意事项】（1）庆大霉素可与β-内酰胺类抗生素联合治疗严重感染，但在体外混合存在配伍禁忌。

（2）本品与青霉素联合，对链球菌具协同作用。

（3）有呼吸抑制作用，不宜静脉推注。

（4）与四环素、红霉素等合用可能出现颉颃作用。

【休药期】无家兔休药期要求。

【适用剂型】硫酸庆大霉素注射液。

·硫酸庆大霉素注射液·

本品为硫酸庆大霉素的注射用水针剂，性状为无色至微黄色或微黄绿色的澄明液体，兽用处方药。

【作用与用途】主要用于庆大霉素敏感菌引起的败血症、泌尿生殖道感染、呼吸道感染、胃肠道感染（包括腹膜炎）、胆道感染、乳腺炎及皮肤和软组织感染等。

【用法与用量】以庆大霉素计。肌内注射：2～4mg/kg（按体重），每日2次，连用2～3d。

【规格】以庆大霉素计：（1）2mL∶0.5g（50万U）。（2）5mL∶0.5g（50万U）。（3）10mL∶1.0g（100万U）。（4）100mL∶10g（1 000万U）。（5）10mL∶0.5g（50万U）。

【贮存】密闭保存。

【药物相互作用】【不良反应】【注意事项】【休药期】同硫酸庆大霉素。

·硫酸链霉素·

硫酸链霉素属于氨基糖苷类抗生素，其作用机制和抗菌谱与其他氨基糖苷类抗生素相似。通过干扰细菌蛋白质合成过程，致使合成异常的蛋白质、阻碍已合成的蛋白质释放；另外还可使细菌细胞膜通透性增加导致一些重要生理物质的外漏，最终引起细菌死亡。链霉素对结核杆菌和多种革兰氏阴性杆菌，如大肠杆菌、沙门氏菌、布鲁氏菌、巴氏杆菌、志贺氏痢疾杆菌、鼻疽杆菌等有抗菌作用。对金黄色葡萄球菌等多数革兰氏阳性球菌的作用差。链球菌、铜绿假单胞菌和厌氧菌对本品固有耐药。肌内注射吸收良好，0.5～2h达血药峰浓度；在常用量下，血中有效浓度可维持6～12h。主要分布于细胞外液，可到达胆汁、胸水、腹水及结核性脓腔和干酪样组织中，也能透过胎盘屏障。以肾中浓度最高，肺及肌肉含量较少，脑组织中几乎测不出（马约为血清浓度的4%）。蛋白结合率20%～30%。本品在体内主要以原型经肾小球滤过排出，尿中浓度高，少量从胆汁排出。

【药物相互作用】（1）与其他具有肾毒性、耳毒性和神经毒性的药物，如两性霉素、其他氨基糖苷类药物、多黏菌素B等联合应用时慎重。

（2）患畜出现脱水（可致血药浓度增高）或肾功能损害时慎用。

（3）用本品治疗泌尿道感染时，肉食动物和杂食动物可同时内服碳酸氢钠使尿液呈碱性，以增强药效。

（4）与青霉素类或头孢菌素类合用对铜绿假单胞菌和肠球菌有协同作用，对其他细菌可能有相加作用。

（5）骨骼肌松弛药（如氯化琥珀胆碱等）或具有此种作用的药物可加强本类药物的神经肌肉阻滞作用。

【作用与用途】氨基糖苷类抗生素。主要用于治疗敏感的革兰氏阴性菌和结核杆菌感染。

【用法与用量】以链霉素计。肌内注射：10～15mg/kg（按体重），每日2次，连用2～3d。

【不良反应】（1）耳毒性。链霉素最常引起前庭损害，这种损害可随连续给药的药物积累而加重，呈剂量依赖性。

（2）剂量过大导致神经肌肉阻断作用。

（3）长期应用可引起肾脏损害。

【注意事项】（1）链霉素与其他氨基糖苷类有交叉过敏现象，对氨基糖苷类过敏的患畜禁用。

（2）患畜出现脱水（可致血药浓度增高）或肾功能损害时慎用。

（3）用本品治疗泌尿道感染时，肉食动物和杂食动物可同时内服碳酸氢钠使尿液呈碱性，以增强药效。

（4）Ca^{2+}、Mg^{2+}、Na^{+}、NH_4^{+}、K^{+}等阳离子可抑制本品的抗菌活性。

（5）与头孢菌素、右旋糖酐、强效利尿药（如呋塞米等）、红霉素等合用，可增强本品的耳毒性。

（6）骨骼肌松弛药（如氯化琥珀胆碱等）或具有此种作用的药物可加强本类药物的神经肌肉阻滞作用。

【休药期】无家兔休药期要求。

【适用剂型】注射用硫酸链霉素。

·注射用硫酸链霉素·

本品为硫酸链霉素的注射用粉针剂，性状为白色或类白色的粉末，兽用处方药。

【作用与用途】主要用于硫酸链霉素敏感菌引起的败血症及消化道、泌尿道、呼吸道感染。

【用法与用量】以链霉素计。肌内注射：10～15mg/kg（按体重），每日2次，连用2～3d。

【规格】以链霉素计：（1）0.75g（75万U）。（2）1g（100万U）。（3）2g（200万U）。（4）4g（400万U）。（5）5g（500万U）。

【贮存】密闭保存。

【药物相互作用】【不良反应】【注意事项】【休药期】同硫酸链

霉素。

·硫酸双氢链霉素·

硫酸双氢链霉素属于氨基糖苷类抗生素，药理作用、药物相互作用、最高残留限量同硫酸链霉素。

【作用与用途】 同硫酸链霉素。

【用法与用量】 以双氢链霉素计。肌内注射：10mg/kg（按体重），每日2次。

【不良反应】 同硫酸链霉素。

【注意事项】 同硫酸链霉素。

【休药期】 无家兔休药期要求。

【适用剂型】 注射用硫酸双氢链霉素。

·注射用硫酸双氢链霉素·

本品为硫酸双氢链霉素的注射用粉针剂，性状为白色或类白色的粉末，兽用处方药。

【作用与用途】 同注射用硫酸链霉素。

【用法与用量】 以双氢链霉素计。肌内注射：10mg/kg（按体重），每日2次。

【规格】（1）0.75g（75万U）。（2）1g（100万U）。（3）2g（200万U）。

【贮存】 密闭保存。

【药物相互作用】【不良反应】【注意事项】【休药期】 同硫酸双氢链霉素。

·盐酸四环素·

盐酸四环素为广谱抗生素，对葡萄球菌、溶血性链球菌、炭疽杆菌、破伤风梭菌和梭状芽孢杆菌等作用较强。对大肠杆菌、沙门氏菌、布鲁氏菌和巴氏杆菌等较敏感。本品对立克次体、衣原体、支原体、螺旋体、放线菌和某些原虫也有抑制作用。

【药物相互作用】（1）与泰乐菌素等大环内酯类合用呈协同作用；与多黏菌素合用，由于增强细菌对本类药物的吸收而呈协同作用。

（2）与利尿药合用可使血尿素氮升高。

【作用与用途】四环素类抗生素。主要用于革兰氏阳性菌、阴性菌和支原体感染。

【用法与用量】以盐酸四环素计。静脉注射：5～10mg/kg（按体重），每日 2 次，连用 2～3d。

【不良反应】（1）本品的水溶液有较强的刺激性，静脉注射可引起静脉炎和血栓。

（2）肠道菌群紊乱，长期应用可出现维生素缺乏症，重者造成二重感染。大剂量静脉注射对马肠道菌有广谱抑制作用，可引起耐药沙门氏菌或不明病原菌的继发感染，导致严重甚至致死性的腹泻。

（3）影响牙齿和骨发育。四环素进入机体后与钙结合，随钙沉积于牙齿和骨骼中。

（4）肝、肾损害。过量四环素可致严重的肝损害和剂量依赖性肾脏机能改变。

【注意事项】（1）易透过胎盘和进入乳汁，因此孕兔、哺乳兔禁用。

（2）肝、肾功能严重不良的患兔忌用本品。

【休药期】无家兔休药期要求。

【适用剂型】注射用盐酸四环素。

·注射用盐酸四环素·

本品为盐酸四环素的注射用粉针剂，性状为黄色混有白色的结晶性粉末，兽用处方药。

【作用与用途】主要用于盐酸四环素敏感菌引起的败血症及消化道、泌尿道、呼吸道感染。

【用法与用量】以盐酸四环素计。静脉注射：5～10mg/kg（按体重），每日2次，连用2～3d。

【规格】(1) 0.25g。(2) 0.5g。(3) 1g。(4) 2g。(5) 3g。

【贮存】遮光，密闭，在干燥处保存。

【药物相互作用】【不良反应】【注意事项】【休药期】同盐酸四环素。

·注射用氨苄西林钠氯唑西林钠·

本品为氨苄西林钠、氯唑西林钠复合制剂，兽用非处方药。

氨苄西林钠为广谱半合成青霉素，具有杀菌作用，对革兰氏阳性菌（如链球菌、葡萄球菌、梭菌、放线菌、李氏杆菌等）的作用与青霉素近似。能被青霉素酶破坏，对耐药金黄色葡萄球菌无效。对多种革兰氏阴性菌（如布鲁氏菌、变形杆菌、巴氏杆菌、沙门氏菌、大肠杆菌、嗜血杆菌等）有抑杀作用，但易产生耐药性。氯唑西林为耐酸、耐酶半合成青霉素，对产酶金黄色葡萄球菌有效。两药合用可增强药效，扩大抗菌谱的效果。

【性状】本品为白色或类白色粉末或结晶性粉末。

【作用与用途】β-内酰胺类抗生素。用于敏感菌所致的呼吸道、胃肠道、泌尿道和软组织感染。

【用法与用量】以本品计。临用前加适量灭菌注射用水或氯化钠注射液溶解。肌内注射：20mg/kg（按体重），每日2～3次，连用3d。

【不良反应】个别家畜偶可出现过敏反应，如皮疹、水肿等。

【注意事项】(1) 对青霉素过敏的兔禁用。

(2) 本品溶解后立即使用。

【休药期】28d。

【规格】(1) 0.5g ($C_{16}H_{19}N_3O_4S$ 0.25g+$C_{16}H_{18}ClN_3O_5S$ 0.25g)。(2) 1g ($C_{16}H_{19}N_3O_4S$ 0.5g+$C_{16}H_{18}ClN_3O_5S$ 0.5g)。(3) 2g ($C_{16}H_{19}N_3O_4S$ 1g+$C_{16}H_{18}ClN_3O_5S$ 1g)。

【贮存】避光，密闭保存。

二、化学合成药

·恩诺沙星·

恩诺沙星属氟喹诺酮类动物专用的广谱抗菌药。对大肠杆菌、沙门氏菌、克雷伯氏菌、布鲁氏菌、巴氏杆菌、胸膜肺炎放线杆菌、丹毒杆菌、变形杆菌、黏质沙雷氏菌、化脓性棒状杆菌、败血波特氏菌、金黄色葡萄球菌、支原体、衣原体等均有良好作用，对铜绿假单胞菌和链球菌的作用较弱，对厌氧菌作用微弱。对敏感菌有明显的抗菌后效应。本品的抗菌作用机制是抑制细菌 DNA 旋转酶，干扰细菌 DNA 的复制、转录和修复重组，细菌不能正常生长繁殖而死亡。

本品肌内注射吸收迅速而完全，在动物体内广泛分布，能很好地进入组织、体液(除脑脊液外)，几乎所有组织的药物浓度均高于血浆。肝脏代谢主要是脱去 7-哌嗪环的乙基生成环丙沙星，其次为氧化及葡萄糖醛酸结合。主要通过肾脏(以肾小管分泌和肾小球滤过)排出，15%～50%以原形从尿中排出。消除半衰期在不同种属动物和不同给药途径有较大差异。

【药物相互作用】(1) 本品与氨基糖苷类或广谱青霉素合用，有协同作用。

(2) Ca^{2+}、Mg^{2+}、Fe^{3+}和 Al^{3+} 等金属离子可与本品发生螯合，影响吸收。

（3）与茶碱、咖啡因合用时，可使血浆蛋白结合率降低，血中茶碱、咖啡因的浓度异常升高，甚至出现茶碱中毒症状。

（4）本品有抑制肝药酶的作用，可使主要在肝脏中代谢的药物的清除率降低，血药浓度升高。

【作用与用途】氟喹诺酮类抗菌药。用于家兔细菌性疾病和支原体感染。

【用法与用量】以恩诺沙星计。肌内注射：2.5～5mg/kg（按体重）。每日1～2次，连用2～3d。

【不良反应】（1）使幼龄动物软骨发生变性，影响骨骼发育并引起跛行及疼痛。

（2）消化系统的反应有呕吐、食欲不振、腹泻等。

（3）皮肤反应有红斑、瘙痒、荨麻疹及光敏反应等。

【注意事项】（1）对中枢系统有潜在的兴奋作用，诱导癫痫发作。

（2）肾功能不良患病家兔慎用，可偶发结晶尿。

（3）本品耐药菌株呈增多趋势，不应在亚治疗剂量下长期使用。

【休药期】14d。

【适用剂型】恩诺沙星注射液。

·恩诺沙星注射液·

本品为恩诺沙星的注射剂，性状为无色至淡黄色的澄明液体，兽用处方药。

【作用与用途】用于家兔细菌性疾病和支原体感染的治疗。

【用法与用量】以恩诺沙星计。肌内注射：2.5～5mg/kg（按体重）。每日1～2次，连用2～3d。

【规格】以恩诺沙星计算：（1）5mL∶0.25g。（2）10mL∶0.5g。（3）100mL∶5g。（4）5mL∶0.125g。（5）10mL∶50mg。（6）100mL∶2.5g。（7）5mL∶0.125g。（8）10mL∶0.25g。（9）100mL∶2.5g。

(10) 5mL∶0.5g。(11) 10mL∶1g。(12) 100mL∶10g。

【贮存】 闭光,密闭保存。

【药理作用】【药物相互作用】【不良反应】【注意事项】【休药期】 同恩诺沙星。

·磺胺噻唑·

磺胺噻唑属广谱抑菌剂,通过与对氨基苯甲酸竞争二氢叶酸合成酶,阻碍敏感菌叶酸的合成而发挥抑菌作用。对大多数革兰氏阳性菌和部分革兰氏阴性菌有效。对磺胺噻唑较敏感的病原菌有:链球菌、肺炎球菌、沙门氏菌、化脓棒状杆菌、大肠杆菌等;一般敏感的有:葡萄球菌、变形杆菌、巴氏杆菌、产气荚膜梭菌、肺炎杆菌、炭疽杆菌、铜绿假单胞菌等。磺胺噻唑在使用过程中,因剂量和疗程不足等原因,使细菌易产生耐药性,尤以葡萄球菌最易产生,大肠杆菌、链球菌等次之。细菌对磺胺噻唑产生耐药性后,对其他的磺胺类药也可产生不同程度的交叉耐药性。磺胺噻唑内服吸收不完全。吸收后排泄迅速,单胃动物内服后,24h约排出90%。消除半衰期短,不易维持有效血药浓度。在体内乙酰化程度较高,原药及其代谢物在酸性尿液中易析出结晶。

【药物相互作用】 (1) 磺胺噻唑与苄氨嘧啶类(如TMP)合用,可产生协同作用。

(2) 某些含对氨基苯甲酰基的药物(如普鲁卡因、丁卡因等)在体内可生成对氨基苯甲酸,酵母片中也含有细菌代谢所需要的对氨基苯甲酸,合用可降低本品的作用。

(3) 与噻嗪类或速尿等利尿剂同用,可加重肾毒性。

【作用与用途】 磺胺类抗菌药。用于敏感菌感染治疗。

【用法与用量】 以磺胺噻唑计。内服:首次量140~200mg/kg(按体重)。维持量:70~100mg/kg(按体重),每日2~3次,连用

3～5d。

【不良反应】（1）泌尿系统损伤，出现结晶尿、血尿和蛋白尿等。

（2）抑制胃肠道菌群，导致消化系统障碍和草食动物的多发性肠炎等。

（3）造血机能破坏，出现溶血性贫血、凝血时间延长和毛细血管渗血。

（4）幼兔免疫系统抑制、免疫器官出血及萎缩。

【注意事项】磺胺噻唑及其代谢产物乙酰磺胺噻唑的水溶性比原药低，排泄时易在肾小管析出结晶（尤其在酸性尿中），因此应与适量碳酸氢钠同服。

【休药期】28d。

【适用剂型】磺胺噻唑钠注射液。

·磺胺噻唑片·

本品为磺胺噻唑的片剂，性状为白色至微黄色片，遇光色渐变深，兽用非处方药。

【作用与用途】磺胺类抗菌药。用于敏感菌感染的治疗。

【用法与用量】以磺胺噻唑计。内服：首次量0.14～0.2g/kg（按体重）。维持量：0.07～0.1g/kg（按体重），每日2～3次，连用3～5d。

【规格】1g。

【贮存】避光，密闭保存。

【药物相互作用】【不良反应】【注意事项】【休药期】同磺胺噻唑。

·磺胺间甲氧嘧啶·

磺胺间甲氧嘧啶属于广谱抗菌药物，是体内外抗菌活性最强的磺胺药，对大多数革兰氏阳性菌和阴性菌都有较强的抑制作用，细菌对此药产生耐药性较慢。磺胺药在结构上类似对氨基苯甲酸，可与对氨基苯甲酸竞争细菌体内的二氢叶酸合成酶，阻碍二氢叶酸的合成，最终影响核酸的合成，抑制细菌的生长繁殖。磺胺药的作用可被对氨基苯甲酸及其衍生物（普鲁卡因、丁卡因）所颉颃。此外，脓液以及组织分解产物也可提供细菌生长的必需物质，与磺胺药产生颉颃作用。磺胺间甲氧嘧啶内服后吸收良好，血中浓度高，乙酰化率低，不易发生结晶尿。

【药物相互作用】（1）与苄氨嘧啶类（抗菌增效剂）合用，可产生协同作用。

（2）某些含对氨基苯甲酰基的药物（如普鲁卡因、丁卡因等）在体内可生成对氨基苯甲酸，酵母片中也含有细菌代谢所需要的对氨基苯甲酸，合用可降低本药作用。

（3）与噻嗪类或速尿等利尿剂同用，可加重肾毒性。

【作用与用途】磺胺类抗菌药。用于敏感菌感染。

【用法与用量】以磺胺间甲氧嘧啶计。内服，首次：50～100mg/kg（按体重），维持量：25～50mg/kg（按体重）。每日 2 次，连用 3～5d。

【不良反应】磺胺及其代谢物可在尿液中产生沉淀，在高剂量给药或低剂量长期给药时更易产生结晶，引起结晶尿、血尿或肾小管堵塞。

【注意事项】（1）易在泌尿道中析出结晶，应给患畜大量饮水。大剂量、长期应用时宜同时给予等量的碳酸氢钠。

（2）肾功能受损时，排泄缓慢，应慎用。

（3）可引起肠道菌群失调，长期用药可引起 B 族维生素和维生素 K 的合成和吸收减少，宜补充相应的维生素。

（4）注意交叉过敏反应。在家畜出现过敏反应时，立即停药并给予对症治疗。

【休药期】28d。

【适用剂型】磺胺间甲氧嘧啶片、磺胺间甲氧嘧啶粉。

·磺胺间甲氧嘧啶片·

本品为磺胺间甲氧嘧啶的片剂，性状为白色或微黄色片。兽用非处方药。

【作用与用途】用于敏感菌感染的治疗。

【用法与用量】以磺胺间甲氧嘧啶计。内服，首次：50～100mg/kg（按体重），维持量：25～50mg/kg（按体重）。每日2次，连用3～5d。

【规格】以含磺胺间甲氧嘧啶计算：(1) 25mg/片。(2) 0.5g/片。

【贮存】避光，密闭保存。

【药理作用】【药物相互作用】【不良反应】【注意事项】【休药期】同磺胺间甲氧嘧啶。

·磺胺间甲氧嘧啶粉·

本品为磺胺间甲氧嘧啶的粉剂，性状为白色或类白色粉末，兽用非处方药。

【作用与用途】磺胺类抗菌药。用于敏感菌引起的呼吸道、胃肠道、泌尿道感染及球虫病等。

【用法与用量】以本品计。内服：首次0.5～1g/kg（按体重），维持量0.2～0.25g/kg（按体重）。每日2次，连用3～5d。

【规格】10%。

【贮存】避光，密闭保存。

【药物相互作用】【不良反应】【注意事项】【休药期】同磺胺间甲氧嘧啶。

·磺胺间甲氧嘧啶钠·

磺胺间甲氧嘧啶钠属于广谱抗菌药物，是体内外抗菌活性最强的磺胺药，对大多数革兰氏阳性菌和阴性菌都有较强的抑制作用，细菌对此药产生耐药性较慢。磺胺药在结构上类似对氨基苯甲酸，可与氨基苯甲酸竞争细菌体内的二氢叶酸合成酶，阻碍二氢叶酸的合成，最终影响核酸的合成，抑制细菌的生长繁殖。磺胺药的作用可被氨基苯甲酸及其衍生物（普鲁卡因、丁卡因）所颉颃。此外，脓液以及组织分解产物也可提供细菌生长的必需物质，与磺胺药产生颉颃作用。

【药物相互作用】（1）与苄氨嘧啶类（抗菌增效剂）合用，可产生协同作用。

（2）某些含对氨基苯甲酰基的药物（如普鲁卡因、丁卡因等）在体内可生成对氨基苯甲酸，酵母片中也含有细菌代谢所需要的对氨基苯甲酸，合用可降低本药作用。

（3）与噻嗪类或速尿等利尿剂同用，可加重肾毒性。

【作用与用途】磺胺类抗菌药。用于敏感菌感染的治疗。

【用法与用量】以磺胺间甲氧嘧啶钠计。静脉注射：50mg/kg（按体重）。每日1～2次，连用2～3d。

【不良反应】（1）磺胺或其代谢物可在尿液中产生沉淀，在高剂量给药或低剂量长期给药时更易产生结晶，引起结晶尿、血尿或肾小管堵塞。

（2）磺胺注射液为强碱性溶液，对组织有强刺激性。

【注意事项】（1）本品遇酸类可析出结晶，故不宜用5%葡萄糖液稀释。

（2）长期或大剂量应用易引起结晶尿，应同时应用碳酸氢钠，并给患兔大量饮水。

（3）若出现过敏反应或其他严重不良反应时，立即停药，并给予对症治疗。

【休药期】 28d。

【适用剂型】 磺胺间甲氧嘧啶钠注射液。

·磺胺间甲氧嘧啶钠注射液·

本品为磺胺间甲氧嘧啶钠的注射用水针剂，性状为无色至微黄色澄明液体，兽用非处方药。

【作用与用途】 磺胺类抗菌药。用于敏感菌感染的治疗。

【用法与用量】 以磺胺间甲氧嘧啶钠计。静脉注射：50mg/kg（按体重）。每日 1～2 次，连用 2～3d。

【规格】 以含磺胺间甲氧嘧啶钠计算：（1）5mL∶0.5g。（2）10mL∶1g。（3）20mL∶2g。（4）50mL∶5g。（5）100mL∶10g。

【贮存】 避光，密闭保存。

【药物相互作用】【不良反应】【注意事项】【休药期】 同磺胺间甲氧嘧啶钠。

·磺胺二甲嘧啶钠·

磺胺二甲嘧啶钠对革兰氏阳性菌和阴性菌如化脓性链球菌、沙门氏菌和肺炎杆菌等均有良好的抗菌作用。磺胺药在结构上类似对氨基苯甲酸，可与对氨基苯甲酸竞争细菌体内的二氢叶酸合成酶，阻碍二氢叶酸的合成，最终影响核酸的合成，抑制细菌的生长繁殖。磺胺药的作用可被对氨基苯甲酸及其衍生物（普鲁卡因、丁卡因）所颉颃。此外，脓液以及组织分解产物也可提供细菌生长的必需物质，与磺胺药产生颉颃作用。本品抗菌作用较磺胺嘧啶稍弱，但对球虫和弓形虫有良好的抑制作用。磺胺二甲嘧啶钠的药动学特征与磺胺嘧啶基本相似。但血浆蛋白结合率高，故排泄较磺胺嘧啶慢。内服后吸收迅速而完全，但排泄较慢，维持有效血药浓度的时间较长。由于其乙酰化物溶解度高，在肾小管内析出结晶的发生率较低，不易引起结晶尿或血尿。

【药物相互作用】（1）与苄氨嘧啶类（抗菌增效剂）合用，可产生协同作用。

（2）某些含对氨基苯甲酰基的药物（如普鲁卡因、丁卡因等）在体内可生成对氨基苯甲酸，酵母片中含有细菌代谢所需要的对氨基苯甲酸，可降低本药的作用，因此不宜合用。

（3）与噻嗪类或速尿等利尿剂同用，可加重肾毒性。

【作用与用途】磺胺类抗菌药。用于敏感菌感染，也可用于球虫和弓形虫感染。

【用法与用量】以磺胺二甲嘧啶钠计。静脉注射：50～100mg/kg（按体重）。每日1～2次，连用2～3d。

【不良反应】（1）磺胺或其代谢物可在尿液中产生沉淀，在高剂量和长期给药时更易产生结晶，引起结晶尿、血尿或肾小管堵塞。

（2）本品为强碱性溶液，对组织有强刺激性。

【注意事项】（1）应用磺胺药期间应给患兔大量饮水，以防结晶尿的发生，必要时亦可加服碳酸氢钠等碱性药物。

（2）肾功能受损时，排泄缓慢，应慎用。

（3）本品遇酸类可析出结晶，故不宜用5%葡萄糖液稀释。

（4）注意交叉过敏反应。若出现过敏反应或其他严重不良反应时，立即停药，并给予对症治疗。

【休药期】28d。

【适用剂型】磺胺二甲嘧啶钠注射液。

·磺胺二甲嘧啶钠注射液·

本品为磺胺二甲嘧啶钠的注射用水针剂，性状为无色至微黄色澄明液体，遇光易变质。兽用非处方药。

【作用与用途】用于敏感菌感染的治疗，也可用于球虫和弓形虫感染的治疗。

【用法与用量】以磺胺二甲嘧啶钠计。静脉注射：50～100mg/kg（按体重）。每日 1～2 次，连用 2～3d。

【规格】以含磺胺二甲嘧啶钠计算：（1）5mL∶0.5g。（2）10mL∶1g。（3）100mL∶10g。

【贮存】避光，密闭保存。

【药理作用】【药物相互作用】【不良反应】【注意事项】【休药期】同磺胺二甲嘧啶钠。

·复方磺胺对甲氧嘧啶钠·

复方磺胺对甲氧嘧啶钠主要成分为磺胺对甲氧嘧啶钠、甲氧苄啶，其对革兰氏阳性菌和阴性菌均有良好的抗菌作用。磺胺药在结构上类似对氨基苯甲酸，可与对氨基苯甲酸竞争细菌体内的二氢叶酸合成酶，阻碍二氢叶酸的合成，最终影响核酸的合成，抑制细菌的生长繁殖。磺胺药的作用可被对氨基苯甲酸及其衍生物（普鲁卡因、丁卡因）所颉颃。此外，脓液以及组织分解产物也可提供细菌生长的必需物质，与磺胺药产生颉颃作用。甲氧苄啶属于抗菌增效剂，可以抑制二氢叶酸还原酶的活性。二者合用可产生协同作用，增强抗菌效果。

【药物相互作用】（1）某些含对氨基苯甲酰基的药物如普鲁卡因、丁卡因等在体内可生成对氨基苯甲酸，酵母片中含有细菌代谢所需要的对氨基苯甲酸，可降低本药的作用，因此不宜合用。

（2）与噻嗪类或速尿等利尿剂同用，可加重肾毒性。

（3）与抗凝血剂合用时，甲氧苄啶和磺胺类药物可延长其凝血时间。

（4）抗酸药与磺胺类药物合用，可降低其生物利用度。

【作用与用途】磺胺类抗菌药。能双重阻断细菌叶酸代谢，增强抗菌效力。主要用于敏感菌引起的泌尿道、呼吸道及皮肤软组织等感染的治疗。

【用法与用量】以磺胺对甲氧嘧啶钠计。肌内注射：15～20mg/kg（按体重）。每日1～2次，连用2～3d。

【不良反应】急性反应如过敏反应，慢性反应表现为粒细胞减少、血小板减少、肝脏损害、肾脏损害及中枢神经毒性反应。

【注意事项】（1）本品遇酸类可析出结晶，故不宜用5%葡萄糖液稀释。

（2）长期或大剂量应用易引起结晶尿，应同时应用碳酸氢钠，并给患兔大量饮水。

（3）若出现过敏反应或其他严重不良反应时，立即停药，并给予对症治疗。

【休药期】28d。

【适用剂型】复方磺胺对甲氧嘧啶钠注射液。

·复方磺胺对甲氧嘧啶钠注射液·

本品为复方磺胺对甲氧嘧啶钠的注射用水针剂，性状为无色至微黄色的澄明液体。兽用非处方药。

【作用与用途】主要用于敏感菌引起的泌尿道、呼吸道及皮肤软组织等感染的治疗。

【用法与用量】以复方磺胺对甲氧嘧啶钠计。肌内注射：15～20mg/kg（按体重）。每日1～2次，连用2～3d。

【规格】10mL：磺胺对甲氧嘧啶钠1g＋甲氧苄啶0.2g。

【贮存】避光，密闭保存。

【药理作用】【药物相互作用】【不良反应】【注意事项】【休药期】

同复方磺胺对甲氧嘧啶钠。

·磺 胺 脒·

磺胺脒属磺胺类抗菌药物，对大多数革兰氏阳性菌和阴性菌都有较强的抑制作用。本品内服吸收很少。磺胺药在结构上类似对氨基苯甲酸，可与对氨基苯甲酸竞争细菌体内的二氢叶酸合成酶，阻碍二氢叶酸的合成，最终影响核酸的合成，抑制细菌的生长繁殖。

【药物相互作用】（1）与苄氨嘧啶类（抗菌增效剂）合用，可产生协同作用。

（2）某些含对氨基苯甲酰基的药物如普鲁卡因、丁卡因等在体内可生成对氨基苯甲酸，酵母片中也含有细菌代谢所需要的对氨基苯甲酸，合用可降低本品的作用。

【作用与用途】磺胺类抗菌药。用于肠道细菌性感染的治疗。

【用法与用量】以磺胺脒计。内服：100～200mg/kg（按体重）。每日2次，连用3～5d。

【不良反应】长期服用可能影响胃肠道菌群，引起消化道功能紊乱。磺胺及其代谢物可在尿液中产生沉淀，在高剂量给药或低剂量长期给药时更易产生结晶，引起结晶尿、血尿或肾小管堵塞。

【注意事项】（1）新生仔兔的肠内吸收率高于幼兔。

（2）不宜长期服用，注意观察胃肠道功能。

【休药期】28d。

【适用剂型】磺胺脒片。

·磺胺脒片·

本品为磺胺脒的片剂，性状为白色片。兽用非处方药。

【作用与用途】磺胺类抗菌药。用于肠道细菌性感染的治疗。

【用法与用量】以磺胺脒计。内服：0.1～0.2g/kg（按体重）。

每日 2 次，连用 3～5d。

【规格】 0.25g

【贮存】 避光，密闭，在干燥处保存。

【药物相互作用】【不良反应】【注意事项】【休药期】 同磺胺脒。

·甲砜霉素·

甲砜霉素属酰胺醇类抗菌药，具有广谱抗菌作用，对革兰氏阴性菌的作用较革兰氏阳性菌强，对多数肠杆菌科细菌，包括伤寒杆菌、副伤寒杆菌、大肠杆菌、沙门氏菌高度敏感，对其敏感的革兰氏阴性菌还有巴氏杆菌、布鲁氏菌等。敏感的革兰氏阳性菌有链球菌、肺炎球菌、葡萄球菌等。衣原体、钩端螺旋体、立克次体也对本品敏感。对厌氧菌也有相当作用。但结核分支杆菌、铜绿假单胞菌、真菌对其不敏感。本品内服吸收迅速而完全。吸收后在体内广泛分布于各种组织。主要以原形从尿中排泄。

【药物相互作用】（1）大环内酯类和林可胺类与本品的作用靶点相同，均是与细菌核糖体 50S 亚基结合，合用时可产生颉颃作用。

（2）与 β-内酰胺类合用时，由于本品的快速抑菌作用，可产生颉颃作用。

（3）对肝微粒体药物代谢酶有抑制作用，可影响其他药物的代谢，提高血药浓度，增强药效或毒性，如可显著延长戊巴比妥钠的麻醉时间。

【作用与用途】 酰胺醇类抗生素。主要用于家兔肠道、呼吸道等细菌性感染的治疗。

【用法与用量】 以甲砜霉素计。内服：5～10mg/kg（按体重）。每日 2 次，连用 2～3d。

【不良反应】（1）本品有血液系统毒性，虽然不会引起再生障碍性贫血，但其引起的可逆性红细胞生成抑制比氯霉素更常见。

（2）本品有较强的免疫抑制作用，约比氯霉素强 6 倍。

（3）长期内服可引起消化机能紊乱，出现维生素缺乏或二重感染症状。

（4）有胚胎毒性。

（5）对肝微粒体药物代谢酶有抑制作用，可影响其他药物的代谢，提高血药浓度，增强药效或毒性，如可显著延长戊巴比妥钠的麻醉时间。

【注意事项】（1）疫苗接种期或免疫功能严重缺损兔禁用。

（2）妊娠期及哺乳期家兔慎用。

（3）肾功能不全患兔要减量或延长给药间隔时间。

【休药期】 28d。

【适合剂型】 甲砜霉素粉。

·甲砜霉素粉·

本品为甲砜霉素的内服粉剂，性状为白色粉末。兽用处方药。

【作用与用途】 主要用于家兔肠道、呼吸道等细菌性感染的治疗。

【用法与用量】 以甲砜霉素计。内服：5～10mg/kg（按体重）。每日 2 次，连用 2～3d。

【规格】（1）5%。（2）15%。

【贮存】 避光，密封，在干燥处保存。

【药理作用】【药物相互作用】【不良反应】【注意事项】【休药期】 同甲砜霉素。

·磺胺对甲氧嘧啶二甲氧苄啶片·

磺胺类抗菌药，二甲氧苄啶属于增效剂，与磺胺对甲氧嘧啶合用能双重阻断细菌的叶酸代谢，增强抗菌效力，甚至呈现杀菌作用。对革兰氏阳性菌和革兰氏阴性菌均有良好的抗菌作用。本品内服后磺胺对甲氧嘧啶吸收迅速，乙酰化率低，不易引起结晶尿。但不同动物体内有效浓度维持时间不同。二甲氧苄啶不易吸收，主要发挥局部抗菌作用。

【药物相互作用】（1）磺胺对甲氧嘧啶与二氨基嘧啶类（抗菌增效剂）合用，可产生协同作用。

（2）某些含对氨基苯甲酰基的药物（如普鲁卡因、丁卡因等）在体内可生成对氨基苯甲酸，酵母片中含有细菌代谢所要的对氨基苯甲酸，可降低本药的作用，因此不宜合用。

（3）与噻嗪类或速尿等利尿剂同用，可加重肾毒性。

【作用与用途】抗菌药。用于肠道细菌感染，也可用于其他细菌性疾病的治疗。

【用法与用量】以本品计。内服：20～25mg/kg（按体重）。每12h 1次，连用3～5d。

【不良反应】磺胺对甲氧嘧啶或其代谢物可在尿液中产生沉淀，在高剂量和长期给药时更易产生结晶，引起结晶尿、血尿或肾小管堵塞。

【注意事项】（1）应用磺胺药物期间，注意给患兔大量饮水，以防结晶尿的发生，必要时亦可加服碳酸氢钠等碱性药物。

（2）肾功能受损时，排泄缓慢，应慎用。

（3）可引起肠道菌群失调，长期用药可引起B族维生素和维生素K的合成和吸收减少，宜补充相应的维生素。

（4）注意交叉过敏反应。在家兔出现过敏反应时，立即停药并给予对症治疗。

【休药期】28d。

【规格】30mg（磺胺对甲氧嘧啶25mg＋二甲氧苄啶5mg）。

【贮藏】遮光，密闭，在干燥处保存。

·复方磺胺间甲氧嘧啶预混剂·

本品为磺胺间甲氧嘧啶、甲氧苄啶复方制剂，兽用处方药。

磺胺间甲氧嘧啶通过竞争二氢叶酸合成酶抑制二氢叶酸的合成；甲氧苄啶通过抑制二氢叶酸还原酶，使二氢叶酸不能还原成四氢叶酸。磺胺间甲氧嘧啶与甲氧苄啶合用，可以双重阻断叶酸的代谢，产生协同抗菌作用。磺胺间甲氧嘧啶内服吸收良好，血中浓度高，乙酰化率低，且乙酰化物在尿中溶解度大，不易发生结晶尿。

【作用与用途】磺胺类抗菌药。用于敏感菌引起的呼吸道、胃肠道、泌尿道感染及球虫病等的治疗。

【用法与用量】以本品计。混饲：每 1 000kg 饲料，2～2.5kg。

【不良反应】长期或大量使用可损害肾脏和神经系统，影响增重，并可能发生磺胺药中毒。

【注意事项】（1）连续用药不宜超过 1 周。

（2）长期使用应同服碳酸氢钠以碱化尿液。

【休药期】28d。

【规格】100g：磺胺间甲氧嘧啶 10g＋甲氧苄啶 2g。

【贮藏】遮光，密闭，在干燥处保存。

·磺 胺 嘧 啶 银·

磺胺嘧啶银属广谱抑菌剂，对大多数革兰氏阳性菌和部分革兰氏阴性菌有效。对铜绿假单胞菌抗菌活性强，对真菌等也有抑菌效果。本品具有收敛作用，局部应用可使创面干燥、结痂，促进创面愈合。磺胺嘧啶的抗菌作用机制是通过抑制叶酸的合成而抑制细菌的生长繁殖。磺胺嘧啶有与对氨基苯甲酸相似的化学结构，能与对氨基苯甲酸竞争二氢叶酸合成酶，阻碍敏感菌叶酸的合成而发挥抑菌作用。高等动物能直接利用外源性叶酸，故其代谢不受磺胺类药物的干扰。

【作用与用途】 磺胺类抗菌药。局部用于烧伤创面。

【用法与用量】 外用：撒布于创面或配成2%混悬液湿敷。

【不良反应】 局部应用时有一过性疼痛，无其他不良反应。

【注意事项】 局部应用本品前，要清创排脓，因为在脓液和坏死组织中含有大量的对氨基苯甲酸，可减弱磺胺嘧啶的作用。

【休药期】 无需制订。

第二节 抗寄生虫药物

目前已批准的抗（驱）寄生虫药主要有阿苯达唑、甲苯咪唑、芬苯达唑、奥芬达唑、氧阿苯达唑、氟苯达唑、氧苯达唑、左旋咪唑、阿维菌素等。虽然《兽药典》及有关标准未明确兔用药剂量，但实际生产中，芬苯达唑、阿苯达唑等常用于兔抗（驱）寄生虫。

一、驱蠕虫药

·芬苯达唑·

芬苯达唑为苯并咪唑类抗蠕虫药，其作用机理为与线虫的微管蛋白质结合发挥驱虫作用，抗虫谱不如阿苯达唑广，作用略强。对家兔胃肠道和呼吸道线虫有良效。芬苯达唑内服给药后，反刍动物吸收缓慢，单胃动物稍快。吸收后的芬苯达唑代谢成为亚砜（具有活性的奥芬达唑）和砜。

【作用与用途】 抗蠕虫药。用于治疗家兔栓尾线虫病、家兔豆状囊尾蚴病。

【不良反应】 按规定的用法与用量使用，一般不会产生不良反应。由于死亡的寄生虫释放抗原，可继发产生过敏性反应，特别是在高剂量使用时。

【注意事项】可能伴有致畸胎和胚胎毒性的作用，妊娠前期忌用。

【休药期】无家兔休药期要求。

【适用剂型】芬苯达唑片和芬苯达唑粉。

·芬苯达唑片·

本品为芬苯达唑的片剂，为白色或类白色片，兽用非处方药。

【用法与用量】按芬苯达唑计。拌料喂服：50mg/kg（按体重），每日 1 次，连用 5d。

【规格】（1）25mg。（2）50mg。（3）0.1g。

【贮存】密闭保存。

【作用与用途】【不良反应】【注意事项】【休药期】同芬苯达唑。

·芬苯达唑粉·

本品为芬苯达唑的粉剂，兽用非处方药。

【用法与用量】同芬苯达唑片。

【规格】5%。

【贮存】密闭保存。

【作用与用途】【不良反应】【注意事项】【休药期】同芬苯达唑。

·阿苯达唑·

阿苯达唑为苯并咪唑类，具有广谱驱虫作用。线虫对其敏感，对绦虫、吸虫也有较强作用（但需较大剂量），对血吸虫无效。作用机理主要是与线虫的微管蛋白结合发挥作用。阿苯达唑与 α-微管蛋白结合后，阻止其与 α-微管蛋白进行多聚化组装成微管。微管是许多细胞器的基本结构单位，为有丝分裂、蛋白装配及能量代谢等细胞繁殖过程所必需。阿苯达唑对线虫微管蛋白的亲和力显著高于哺乳动物的微管蛋白，因此对哺乳动物的毒性很小。本品不但对成虫作用强，对未成熟虫体和幼虫也有较强作用，还有杀虫卵作用。阿苯达唑是内服吸收较好的苯并咪唑类药物。给药后 20h，代谢物阿苯达唑亚砜和阿苯达唑砜达到血浆药物峰浓度。亚砜代谢物在兔的消除半衰期为 4.1h，砜代谢物的消除半衰期为 9.6h。除亚砜和砜外，尚有羟化、水解和结合产物，经胆汁排出体外。

【药物相互作用】阿苯达唑与吡喹酮合用可提高前者的血药浓度。

【作用与用途】抗蠕虫药。用于治疗家兔栓尾线虫病。

【不良反应】对妊娠早期动物有致畸和胚胎毒性的作用。

【注意事项】可能伴有致畸胎和胚胎毒性的作用，妊娠前期忌用。

【休药期】无家兔休药期要求。

·阿苯达唑片·

本品为阿苯达唑的片剂，为白色或类白色片，兽用非处方药。

【用法与用量】按阿苯达唑计。内服：10～15mg/kg（按体重），每日 1 次，连用 5d。

【规格】（1）25mg。（2）50mg。（3）0.1g。

【贮存】密闭保存。

【作用与用途】【不良反应】【注意事项】【休药期】同阿苯达唑。

二、抗绦虫药

·阿苯达唑片·

本品为阿苯达唑的片剂，为白色或类白色片，兽用非处方药。

【作用与用途】用于治疗家兔豆状囊尾蚴病。

【用法与用量】按阿苯达唑计。内服：35～40mg/kg（按体重），每日 1 次，连用 3d。

【规格】(1) 25mg。(2) 50mg。(3) 0.1g。

【贮存】密闭保存。

【不良反应】【注意事项】【休药期】同阿苯达唑。

·芬苯达唑片·

本品为芬苯达唑的片剂，为白色或类白色片，兽用非处方药。

【作用与用途】用于治疗家兔豆状囊尾蚴病。

【用法与用量】按芬苯达唑计。拌料喂服：20～30mg/kg（按体重），每日1次，连用3d。

【规格】(1) 25mg。(2) 50mg。(3) 0.1g。

【贮存】密闭保存。

【作用与用途】【不良反应】【注意事项】【休药期】同芬苯达唑。

·芬苯达唑粉·

本品为芬苯达唑的粉剂，兽用非处方药。

【作用与用途】可用于治疗家兔豆状囊尾蚴病。

【用法与用量】同芬苯达唑片。

【规格】5%。

【贮存】密闭保存。

【作用与用途】【不良反应】【注意事项】【休药期】同芬苯达唑。

·氯硝柳胺·

氯硝柳胺是一种杀绦虫药，其作用机理是抑制绦虫对葡萄糖的吸收，对绦虫线粒体中氧化磷酸化过程的解偶联，阻断三羧酸循环，导致乳酸蓄积，从而杀死绦虫。氯硝柳胺的驱虫作用也可能与其过度刺激线粒体内的三磷酸腺苷酶（ATP酶）的活性有关。绦虫受损程度与药物作用时间相关。本品内服从胃肠道吸收极少，在肠中保持高浓度。少量吸收后代谢成无活性的氨基氯硝柳胺代谢物，主要从粪便排泄。

【药物相互作用】（1）可以与左旋咪唑合用，治疗犊牛和羔羊的绦虫与线虫混合感染。

（2）与普鲁卡因合用，可提高氯硝柳胺对小鼠绦虫的疗效。

【作用与用途】抗蠕虫药。用于兔绦虫病感染的治疗。

【不良反应】

【注意事项】（1）兔在给药前，应禁食12h。

（2）本品对鱼类毒性很强。

【休药期】无家兔休药期要求。

【规格】0.5g。

【贮存】密闭保存。

·氯硝柳胺片·

本品为氯硝柳胺的片剂，为类白色片，兽用非处方药。

【用法与用量】按氯硝柳胺计。拌料喂服：一次量，8～10mg/kg（按体重）。

【规格】0.5g。

【贮存】密闭保存。

【作用与用途】【不良反应】【注意事项】【休药期】同氯硝柳胺。

三、抗球虫药

艾美耳属的多种球虫（大概16种）寄生于兔的肠道和肝脏，导致兔球虫病。本病主要发生于6月龄以内的家兔，感染率可达100%；其中1～3月龄以内的家兔受侵害最严重，死亡率可高达80%。患病耐过的兔生长发育严重受阻。目前已批准的抗家兔球虫药主要有地克珠利、盐酸氯苯胍、氯羟吡啶、磺胺氯吡嗪钠。

·地克珠利·

地克珠利为三嗪类广谱抗球虫药，主要抑制球虫子孢子和裂殖体增殖，对球虫的活性峰期在子孢子和第一代裂殖体（即球虫生命周期的最初 2d）。具有杀球虫作用，对球虫发育的各个阶段均有效。对兔的柔嫩、堆型、毒害、布氏、巨型等艾美耳球虫均有良好的效果。地克珠利给兔混饲后，少部分被消化道吸收，但因为用量小，吸收总量很少，所以组织中药物残留少。以 1mg/kg 剂量混饲，于最后一次给药后 7d，测得兔组织中的平均残留量低于 0.063mg/kg。地克珠利毒性小，对畜禽都很安全。本品长期用药易诱导耐药性的产生，故应穿梭用药或短期使用。本品作用时间短，停药 2d 后作用基本消失。

【作用与用途】抗球虫药。用于预防兔球虫病。

【不良反应】按规定的用法用量使用尚未见不良反应。

【注意事项】（1）本品药效期短，停药 1d，抗球虫作用明显减弱，2d 后作用基本消失。因此，必须连续用药以防球虫病再度暴发。

（2）本品混料浓度极低，药料应充分拌匀，否则影响疗效。

【休药期】14d。

【适用剂型】地克珠利预混剂。

·地克珠利预混剂·

本品为地克珠利的预混剂，兽用非处方药。

【用法与用量】以地克珠利计。混饲：每 1 000kg 饲料，添加 1g。

【规格】（1）0.2%。（2）0.5%。（3）5%。

【作用与用途】【不良反应】【注意事项】【休药期】同地克珠利。

·盐酸氯苯胍·

盐酸氯苯胍的作用机理是干扰虫体胞浆中的内质网，影响虫体蛋白质代谢，使内质网和高尔基体肿胀、氧化磷酸化反应和 ATP 被抑制。主要抑制球虫第一代裂殖体的生殖，对第二代裂殖体亦有作用，其作用峰期在感染后的 3d。对兔的各种球虫有效。球虫对本品易产生耐药性。

【药物相互作用】不得与氨丙啉、氯羟吡啶、尼卡巴嗪、盐霉素、甲基盐霉素、莫能菌素和拉沙洛西钠等抗球虫药合用。

【作用与用途】抗球虫药。用于预防家兔球虫病。

【不良反应】按规定的用法用量使用尚未见不良反应。

【注意事项】应用本品防治某些球虫病时停药过早，常导致球虫病复发，应连续用药。

【休药期】7d。

【适用剂型】盐酸氯苯胍片和盐酸氯苯胍预混剂。

·盐酸氯苯胍片·

本品为盐酸氯苯胍的片剂，性状为白色或类白色片，兽用非处方药。

【用法与用量】以盐酸氯苯胍计。内服：10～15mg/kg（按体重）。

【规格】10mg/片。

【贮存】避光，密闭保存。

【药物相互作用】【作用与用途】【不良反应】【注意事项】【休药期】同盐酸氯苯胍。

·氯羟吡啶·

【药理作用】氯羟吡啶对球虫的作用峰期是子孢子期，即感染后第1天，主要对其产生抑制作用。在用药后60d内，可使子孢子在肠上皮细胞内不能发育。因此，必须在感染球虫前或感染的同时给药，才能充分发挥抗球虫作用。氯羟吡啶适用于预防用药，对球虫病的治疗无意义。球虫对氯羟吡啶易产生耐药性。

【药物相互作用】不得与氨丙啉、尼卡巴嗪、盐霉素、甲基盐霉素、莫能菌素和拉沙洛西钠等抗球虫药合用。

【作用与用途】抗球虫药。用于预防兔球虫病。

【不良反应】按规定的用法用量使用尚未见不良反应。

【注意事项】（1）本品能抑制兔对球虫感染产生免疫力，停药过早易导致球虫病再度暴发。

（2）对本品产生耐药球虫的兔场，不能换用喹啉类抗球虫药，如癸氧喹酯等。

【休药期】5d。

【适用剂型】氯羟吡啶预混剂。

·氯羟吡啶预混剂·

本品为氯羟吡啶的预混剂，为兽用非处方药。

【用法与用量】以氯羟吡啶计。混饲：每1 000kg饲料中添加200g。

【规格】25%。

【贮存】避光，密封，在干燥处保存。

【药物相互作用】【作用与用途】【不良反应】【注意事项】【休药期】同氯羟吡啶。

·磺胺氯吡嗪钠·

磺胺氯吡嗪钠为磺胺类抗球虫药，作用峰期是球虫第二代裂殖体，对第一代裂殖体也有一定作用。本品抗菌作用较强，对巴氏杆菌病、副伤寒亦有效。本品不影响宿主对球虫病产生免疫力。磺胺氯吡嗪钠内服后在消化道迅速吸收，3～4h 血药浓度达峰值，并很快经肾脏排出。

【药物相互作用】（1）某些含对氨基苯甲酰基的药物如普鲁卡因、丁卡因等在体内可生成对氨基苯甲酸，酵母片中含有细菌代谢所需要的对氨基苯甲酸，可降低本药的作用，因此不宜合用。

（2）与噻嗪类或速尿等利尿剂同用，可加重肾毒性。

（3）磺胺类药物通常可以置换以下高蛋白结合率的药物，如甲氨蝶呤、保泰松、噻嗪类利尿药、水杨酸盐、丙磺舒、苯妥因，虽然这些相互作用临床意义还不完全清楚，但必须对被置换的药物的增强作用进行监测。

（4）抗酸药与磺胺类药物合用，可降低其生物利用度。

【作用与用途】磺胺类抗球虫药。用于治疗家兔球虫病。

【不良反应】按规定的用法用量使用尚未见不良反应。

【注意事项】不得作为饲料添加剂长期应用。

【休药期】28d。

【适用剂型】磺胺氯吡嗪钠可溶性粉

·磺胺氯吡嗪钠可溶性粉·

本品为磺胺氯吡嗪钠的可溶性粉剂，性状为淡黄色粉末，兽用处方药。

【用法与用量】以磺胺氯吡嗪钠计。混饲：每 1 000kg 饲料中添加 600g，连用 5～10d。

【规格】（1）30%。（2）20%。（3）10%。

【贮存】避光，密闭保存。

【药物相互作用】【作用与用途】【不良反应】【注意事项】【休药期】同磺胺氯吡嗪钠。

四、抗吸虫药

可寄生于兔体并导致家兔偶尔发病或传播疾病的吸虫主要有肝片吸虫、前后盘吸虫、日本分体吸虫等。家兔一旦感染以上吸虫，可不同程度造成生长受阻，同时也可传播人畜共患病。目前已批准的抗吸虫药很多，虽然我国《兽药典》及有关标准未明确家兔用药剂量，但实际生产中，芬苯达唑、阿苯达唑等常用于家兔抗吸虫。

·阿苯达唑片·

本品为阿苯达唑的片剂，为白色或类白色片，兽用非处方药。

【作用与用途】用于治疗家兔吸虫病。

【用法与用量】按阿苯达唑计。内服：一次量，10～15mg/kg（按体重）。

【规格】（1）25mg。（2）50mg。（3）0.1g。

【贮存】密闭保存。

【不良反应】【注意事项】【休药期】同阿苯达唑。

五、杀外寄生虫药

螨、蜱、虱、蚤、蝇、蚊等节肢动物可引起的家兔外寄生虫病（如疥螨病、背肛螨病、痒螨病、足螨病等），直接危害动物机体，夺取营养，损坏皮毛，传播疾病，不仅给家兔养殖业造成较大损失，而且也传播许多人畜共患病，严重地危害人体健康。控制外寄生虫感染的杀虫剂很多，目前国内应用的主要有阿维菌素、有机磷类、拟除虫菊酯等。

·阿维菌素透皮溶液·

【主要成分】阿维菌素 B_1。

【性状】本品为无色至微黄色略黏稠的透明液体。

【药理作用】阿维菌素属于抗线虫药，对猪的蛔虫、红色猪圆线虫、兰氏类圆线虫、毛首线虫、食道口线虫、后圆线虫、有齿冠尾线虫成虫及未成熟虫体驱除率达94%～100%，对猪血虱和猪疥螨也有良好控制作用。对吸虫和绦虫无效。阿维菌素作为杀虫剂，对水产和农业昆虫、螨虫以及火蚁等具有广谱活性。

【药物相互作用】与乙胺嗪同时使用，可能产生严重的或致死性脑病。

【作用与用途】抗生素类药。用于治疗兔螨病和寄生性昆虫病。

【用法与用量】涂擦：0.1mL/kg，兔耳部内侧涂擦。

【不良反应】按规定的用法与用量使用尚未见不良反应。

【注意事项】（1）泌乳期禁用。

（2）阿维菌素的毒性较强，应慎用。对虾、鱼及水生生物有剧毒，注意残存药物的包装品切勿污染水源。

（3）本品性质不太稳定，特别对光线敏感，可迅速氧化灭活，应注意贮存和使用条件。

【休药期】无家兔休药期要求。

【规格】按阿维菌素 B_1 计算：0.5%。

【贮存】避光，密闭，在凉暗处保存。

·氰戊菊酯溶液·

【主要成分】氰戊菊酯。

【性状】本品为淡黄色澄明液体。

【药理作用】氰戊菊酯对昆虫以触杀为主，兼有胃毒和驱避作用。氰戊菊酯对螨、虱、蚤、蜱、蚊、蝇和虻等均有良好的杀灭效果。应用氰戊菊酯喷洒兔体表，螨、虱、蚤等于用药后10min出现中毒，4～12h后全部死亡，加之又有一定的残效作用，可使虫卵孵化后再次被杀死。

【作用与用途】杀虫药。用于驱杀家兔外寄生虫，如蜱、虱、蚤等。

【用法与用量】喷雾，加水以1：（1 000～2 000）稀释。

【不良反应】按规定的用法与用量使用尚未见不良反应。

【注意事项】（1）配制溶液时，水温以12℃为宜，如水温超过25℃会降低药效，水温超过50℃时则失效。

（2）避免使用碱性水，并忌与碱性药物合用，以防药液分解失效。

（3）本品对蜜蜂、鱼虾、家蚕毒性较强，使用时不要污染河流、池塘、桑园、养蜂场所。

【休药期】28d。

【规格】20％。

【贮存】避光，密闭，在阴凉干燥处保存。

·精制马拉硫磷溶液·

【主要成分】精制马拉硫磷。

【性状】本品为淡黄色澄明液体。

【药理作用】马拉硫磷属于有机磷杀虫药，主要以触杀、胃毒和熏蒸杀灭害虫，无内吸杀虫作用。具有广谱、低毒、使用安全等特点。对蚊、蝇、虱、蜱、螨和臭虫等都有杀灭作用。本品外用可经皮肤吸收，脂肪组织中分布较多，主要经肝脏代谢，大部分由尿排出。

【药物相互作用】与其他有机磷化合物以及胆碱酯酶抑制剂有协同作用，同时应用毒性增强。

【作用与用途】杀虫药。用于杀灭家兔体外寄生虫。

【用法与用量】药浴或喷雾，1：（67～100）稀释（以马拉硫磷计0.2％～0.3％）的水溶液。

【不良反应】 过量使用动物可产生胆碱能神经兴奋症状。

【注意事项】（1）本品不能与碱性物质或氧化物质接触。

（2）本品对眼睛、皮肤有刺激性；对蜜蜂有剧毒，对鱼类毒性也较大，家畜中毒时可用阿托品解毒。

（3）家兔体表用马拉硫磷后数小时内应避免日光照射和风吹；必要时隔 2～3 周可再药浴或喷雾一次。

（4）1 月龄以内的兔禁用。

【休药期】 28d。

【规格】（1）20%。（2）45%。（3）70%。

【贮存】 避光，密闭，在阴凉干燥处保存。

第三节　麻醉解毒药

一、麻醉药

·盐酸普鲁卡因注射液·

本品为盐酸普鲁卡因的注射用水针剂，性状为无色的澄明液体。兽用处方药。

【药理作用】 盐酸普鲁卡因属短效酯类局麻药。本品对皮肤、黏膜穿透力差，故不适于表面麻醉。注射后 1～3min 呈局麻效应，持续 45～60min。本品具有扩张血管的作用，加入微量缩血管药物如肾上腺素（用量一般为每 100mL 药液中加入 0.1%盐酸肾上腺素 0.2～0.5mL），则局麻时间延长。吸收作用主要是对中枢神经系统和心血管系统的影响，小剂量时中枢轻微抑制，大剂量时则兴奋。另外，能降低心脏兴奋性和传导性。本品在用药部位吸收迅速，吸收后大部分与血浆蛋白暂时结合，而后被逐渐释放出来，再分布到全身。能较快通过血脑屏障和胎盘。游离型普鲁卡因可迅速地被血浆中的假性胆碱酯酶水解，生成对氨基苯甲酸和二乙氨基乙醇，从尿中排出。

【药物相互作用】（1）本品在体内的代谢产物对氨基苯甲酸能竞争性地对抗磺胺药的抗菌作用，另一代谢产物二乙氨基乙醇能增强洋地黄减慢心率和房室传导的作用，故不应与磺胺药或洋地黄合用。

（2）与青霉素形成盐可延缓青霉素的吸收。

【作用与用途】局部麻醉药。用于浸润麻醉、传导麻醉、硬膜外麻醉和封闭疗法。

【用法与用量】以盐酸普鲁卡因计。浸润麻醉、封闭疗法：0.25%～0.5%溶液。传导麻醉：2%～5%溶液，每个注射点，小动物 2～5mL。

【不良反应】按规定的用法与用量使用尚未见不良反应。

【注意事项】（1）剂量过大易出现吸收作用，可引起中枢神经系统先兴奋后抑制的中毒症状，应进行对症治疗。马对本品比较敏感。

（2）本品应用时常加入 0.1%盐酸肾上腺素注射液，以减少普鲁卡因的吸收，延长局麻时间。

【休药期】无需制订。

【规格】（1）5mL∶0.15g。（2）10mL∶0.1g。（3）10mL∶0.2g。（4）10mL∶0.3g。（5）50mL∶1.25g。（6）50mL∶2.5g。

【贮藏】遮光，密闭保存。

二、解毒药

·乙酰胺注射液·

本品为乙酰胺的注射用水针剂，性状为无色的澄明液体。兽用非处方药。

【药理作用】乙酰胺为有机氟中毒解毒剂，对有机氟杀虫剂和杀鼠药氟乙酰胺、氟乙酸钠等中毒具有解毒作用。乙酰胺的解毒机理是由于其化学结构与氟乙酰胺相似，乙酰胺的乙酰基与氟乙酰胺争夺酰胺酶，使氟乙酰胺不能脱氨转化为氟乙酸，阻止氟乙酸对三羧酸循环的干扰，恢复组织正常代谢功能，从而消除有机氟对机体的毒性。

【作用与用途】解毒药。用于氟乙酰胺等有机氟中毒。

【用法与用量】以乙酰胺计。静脉、肌内注射：50～100mg/kg（按体重）。

【不良反应】本品酸性较强，肌内注射时可引起局部疼痛。

【注意事项】为减轻局部疼痛，肌内注射时可配合使用适量的盐酸普鲁卡因注射液。

【休药期】无需制订。

【规格】（1）5mL∶5g。（2）10mL∶1g。

·亚甲蓝注射液·

本品为亚甲蓝的注射用水剂，性状为深蓝色的澄明液体。兽用处方药。

【药理作用】亚甲蓝本身是氧化剂，体内6-磷酸葡萄糖脱氢过程中的氢离子传递给亚甲蓝，使其转变为还原型亚甲蓝；还原型亚甲蓝又将氢离子传递给带Fe^{3+}的高铁血红蛋白，使其还原为带Fe^{2+}的正常血红蛋白，与此同时还原型亚甲蓝又被氧化成亚甲蓝。亚甲蓝可作为中间电子传递体，促进高铁血红蛋白还原为正常血红蛋白，并使血红蛋白重新恢复携氧的功能。因此临床上使用小剂量（1～2mg/kg）用于解救高铁血红蛋白症。在组织中可迅速被还原为还原型亚甲蓝，并部分被代谢。亚甲蓝、还原型亚甲蓝及代谢产物均由尿中缓慢排出。

【药物相互作用】本品忌与强碱性溶液、氧化剂、还原剂和碘化物配伍。

【作用与用途】解毒药。用于亚硝酸盐中毒。

【用法与用量】以亚甲蓝计。静脉注射：1～2mg/kg（按体重）。

【不良反应】（1）静脉注射过快可引起呕吐、呼吸困难、血压降低、心率加快和心律紊乱。

（2）用药后尿液呈蓝色，有时可产生尿路刺激症状。

【注意事项】（1）本品刺激性强，禁止皮下或肌内注射（可引起组织坏死）。

（2）由于亚甲蓝溶液与多种药物为配伍禁忌，因此，不得将本品与其他药物混合注射。

【休药期】无需制订。

【规格】（1）2mL：20mg。（2）5mL：50mg。（3）10mL：100mg。

·碘解磷定注射液·

本品为碘解磷定的注射用水剂，性状为无色或几乎无色的澄明液体。兽用处方药。

【药理作用】碘解磷定以其季铵基团直接与胆碱酯酶的磷酰化基团结合，然后脱离胆碱酯酶，使得胆碱酯酶恢复活性。胆碱酯酶被有机磷抑制超过36h，其活性难以恢复，所以应用胆碱酯酶复活剂治疗有机磷中毒时，早期用药效果较好，而治疗慢性有机磷中毒则无效。本品对由有机磷引起的烟碱样症状的治疗作用明显。另外，肟类化合物尚能直接与血中的有机磷结合，使其成为无毒物质由尿排出。碘解磷定可用于解救多种有机磷中毒，但其对有机磷的解毒作用有一定的选择性。如对内吸磷、对硫磷等中毒的疗效较好，而对马拉硫磷、敌敌畏、敌百虫等中毒的疗效较差；对氨基甲酸酯类杀虫剂中毒则无效。

对轻度有机磷中毒，可单独应用本品或阿托品控制中毒症状；中度或重度中毒时，因本品对体内已蓄积的乙酰胆碱无作用，则必须合用阿托品。由于阿托品能解除有机磷中毒症状，严重中毒时与胆碱酯酶复活剂联合应用，具有协同作用。因此，临床上治疗有机磷中毒时，必须及时、足量地给予阿托品。

【药物相互作用】（1）本品与阿托品联用，对控制有机磷中毒呈协同作用。

（2）与碱性药物配伍易发生分解，降低药效。

【作用与用途】解毒药。能活化被抑制的胆碱酯酶。用于有机磷中毒的解救。

【用法与用量】以碘解磷定计。静脉注射：15～30mg/kg（按体重）。

【不良反应】本品注射速度过快可引起呕吐、心率加快和共济失调。大剂量或注射速度过快还可引起血压波动、呼吸抑制。

【注意事项】（1）禁与碱性药物配伍。

（2）有机磷内服中毒的兔先以2.5%碳酸氢钠溶液彻底洗胃（敌百虫除外），由于消化道后部也可以吸收有机磷，应用本品至少维持48～72h，以防延迟吸收的有机磷加重中毒程度，甚至导致死亡。

（3）用药过程中定时测定血液胆碱酯酶水平，作为用药监护指标。血液胆碱酯酶应维持在50%～60%或以上。必要时应及时重复应用本品。

（4）本品与阿托品有协同作用，与阿托品联合应用时，可适当减少阿托品的剂量。

【休药期】无需制订。

【规格】（1）10mL∶0.25g。（2）20mL∶0.5g。

第四节　调节组织代谢药

调节组织代谢药是一类影响组织代谢的药物，主要包括维生素、矿物质等物质。

·复合维生素 B 注射液·

【主要成分】维生素 B_1、维生素 B_2、维生素 B_6 等。

【性状】本品为黄色带绿色荧光的澄明或几乎澄明的溶液。

【药理作用】维生素类药。维生素 B_1 对维持神经组织、心脏及消化系统的正常机能起着重要作用。缺乏时，血中丙酮酸、乳酸增高，并影响机体能量供应；幼年兔则出现多发性神经炎、心肌功能障碍、消化不良、生长受阻等。维生素 B_2 是体内黄素酶类辅基的组成成分。黄素酶在生物氧化还原中发挥递氢作用，参与体内碳水化合物、氨基酸和脂肪的代谢，并对中枢神经系统的营养、毛细血管功能具有重要影响。维生素 B_6 在体内经酶作用生成具有生理活性的磷酸吡哆醛和磷酸吡哆醇，是氨基转移酶、脱羧酶及消旋酶的辅酶，参与体内氨基酸、蛋白质、脂肪和糖的代谢。此外，维生素 B_6 还在亚油酸转变为花生四烯酸等过程中发挥重要作用。

【作用与用途】维生素类药。用于防治 B 族维生素缺乏所致的多发性神经炎、消化障碍、癞皮病、口腔炎等。

【用法与用量】以本品计。肌内注射：0.5～1mL。

【不良反应】按规定的用法与用量使用尚未见不良反应

【休药期】无需制订。

【规格】（1）2mL。（2）10mL。

【贮藏】遮光、密闭保存。

·维生素 D_3 注射液·

本品为维生素 D_3 的注射用针剂，性状为淡黄色的澄明油状液体。兽用非处方药。

【药理作用】维生素 D_3 是维生素 D 的主要形式之一，对钙、磷代谢及幼兔骨骼生长有重要影响，其主要功能是促进钙、磷在小肠内正常吸收。其代谢活性物质能调节肾小管对钙的重吸收，维持循环血液中钙的水平，并促进骨骼的正常发育。皮肤中的7-脱氢胆固醇在紫外线照射下可转化为维生素 D_3。血液中的维生素 D_3 通过与球蛋白结合，转运至其他部位，并经肝脏和肾脏代谢为1，25-二羟维生素 D_3 后发挥正常生物学效应。

维生素D缺乏时，家兔肠道钙、磷吸收能力降低，血中钙、磷水平较低，以致钙、磷在骨骼组织沉积下降，成骨作用受阻，甚至沉积的骨盐再溶解。

【药物相互作用】（1）长期大量服用液状石蜡、新霉素可减少维生素D的吸收。

（2）苯巴比妥等药酶诱导剂能加速维生素D的代谢。

【作用与用途】维生素类药，主要用于防治维生素D缺乏症，如佝偻病、骨软症等。

【用法与用量】以维生素 D_3 计。肌内注射：1 500～3 000U/kg（按体重）。

【不良反应】（1）过多使用维生素D会直接影响钙和磷的代谢，减少骨的钙化作用，在软组织出现异位钙化，以及导致心律失常和神经功能紊乱等症状。

（2）维生素D过多还会间接干扰其他脂溶性维生素（如维生素A、维生素E和维生素K）的代谢。

【注意事项】使用时应注意补充钙剂，中毒时应立即停用本品和钙制剂。

【休药期】无需制订。

【规格】（1）0.5mL：3.75mg（15万U）。（2）1mL：7.5mg（30万U）。

·亚硒酸钠维生素E预混剂·

【主要成分】亚硒酸钠、维生素E。

【性状】本品为白色或类白色粉末。

【药理作用】亚硒酸钠维生素 E 属于硒补充药。硒作为谷胱苷肽过氧化物酶的组成成分，在体内能清除脂质过氧化自由基中间产物，防止生物膜的脂质过氧化，维持细胞膜的正常结构和功能；硒还参与辅酶 A 和辅酶 Q 的合成，在体内三羧酸循环及电子传递过程中起重要作用。硒以硒半胱氨酸和硒蛋氨酸两种形式存在于硒蛋白中，通过硒蛋白影响动物机体的自由基代谢、抗氧化能力、免疫功能、生殖功能、细胞凋亡和内分泌系统等而发挥其生物学功能。单胃动物内服本品易吸收，反刍动物则吸收率较低。

【药物相互作用】（1）硒与维生素 E 在动物体内防止氧化损伤方面具有协同作用。

（2）硫、砷能影响动物对硒的吸收和代谢。

（3）硒和铜在动物体内存在相互颉颃效应，可诱发饲喂低硒日粮的动物发生硒缺乏症。

【作用与用途】维生素及硒补充药。用于防治幼兔白肌病。

【用法与用量】以本品计。混饲：每 1 000kg 饲料，添加 500～1 000g。

【不良反应】硒毒性较大，拌料应均匀。

【休药期】无需制订。

【贮藏】遮光，密封，在阴凉干燥处保存。

第五节　消毒防腐药

消毒防腐药是杀灭病原微生物或抑制其生长繁殖的一类药物。其中，消毒药指能杀灭病原微生物的药物，主要用于环境、兔舍、排泄物、用具和器械等非生物物质表面的消毒；防腐药指能抑制病原微生物生长繁殖的药物，主要用于抑制局部皮肤、黏膜和创伤等生物体表微生物，也用于食品、生物制品的防腐。二者没有绝对的界限，高浓度的防腐药也具有杀菌作用，低浓度的消毒药也只有抑菌作用。

各类消毒防腐药的作用机理各不相同，可归纳为以下三种：①使菌体蛋白质变性、沉淀，故称为“一般原浆毒”，如酚类、醇类、醛类、重金属盐类。②改变菌体细胞膜通透性，如表面活性剂。③破坏或干扰生命必需的酶系统，如氧化剂、卤素类。

防腐消毒药的作用受病原微生物的种类、药物浓度和作用时间、环境温度和湿度、环境 pH、有机物以及水质等的影响，使用时应加以注意。

根据化学结构和药物作用，家兔用消毒防腐药主要分为酚类、醛类、醇类、表面活性剂、碱类、卤素类、氧化剂类等。

一、酚类

·苯酚（酚或石炭酸）·

苯酚为原浆毒，使菌体蛋白凝固变性而呈现杀菌作用。0.1%～1%溶液有抑菌作用，1%～2%溶液有杀灭细菌和真菌的作用，5%溶液可在 48h 内杀死炭疽芽孢，对病毒的作用较弱。碱性环境、脂类和皂类等能减弱其杀菌作用。

【作用与用途】用于器械、用具和环境等消毒。

【用法与用量】配成 2%～5%溶液。

【注意事项】（1）本品对皮肤和黏膜有腐蚀性，对动物和人有较强的毒性，不能用于创面和皮肤的消毒。

（2）忌与碘、溴、高锰酸钾、过氧化氢等配伍应用。

【休药期】无需制订。

·复　合　酚·

由酚、醋酸及十二烷基苯磺酸等配制而成。

【作用与用途】能杀灭多种细菌和病毒，用于兔舍、器具、排泄物和车辆等的消毒。

【用法与用量】喷洒：配成0.3%～1%水溶液。浸泡：配成1.6%水溶液。

【注意事项】(1) 对皮肤、黏膜有刺激性和腐蚀性，对动物和人有较强的毒性，不能用于创面和皮肤的消毒。

(2) 禁与碱性药物或其他消毒剂混用。

【休药期】无需制订。

·甲酚皂溶液·

甲酚为原浆毒，使菌体蛋白凝固变性而呈现杀菌作用。抗菌作用比苯酚强3～10倍，毒性大致相等；但消毒作用比苯酚低，较苯酚安全。可杀灭一般繁殖型病原菌，对芽孢无效，对病毒作用较弱。

【作用与用途】用于器械、兔舍或排泄物等消毒。

【用法与用量】喷洒或浸泡：配成5%～10%的水溶液。

【注意事项】(1) 甲酚有特臭，不宜在肉联厂和食品加工厂等应用，以免影响食品质量。

(2) 由于色泽污染，不宜用于棉、毛纤制品的消毒。

(3) 对皮肤有刺激性，注意保护使用者的皮肤。

【休药期】无需制订。

·氯甲酚溶液·

氯甲酚对细菌繁殖体、真菌和结核杆菌均有较强的杀灭作用，但不能杀灭细菌芽孢。有机碱可减弱其杀菌效果。pH较低时，杀菌效果较好。

【作用与用途】用于兔舍及环境消毒。

【用法与用量】喷洒消毒，1：（33～100）稀释。

【注意事项】（1）本品对皮肤、黏膜有腐蚀性。

（2）现用现配，稀释后不宜久贮。

【休药期】无需制订。

二、醛类

·甲醛溶液·

通常称为福尔马林，含甲醛不少于36.0%（g/g）。可与蛋白质中的氨基结合，使蛋白质凝固变性，其杀菌作用强，对细菌、芽孢、真菌、病毒都有效。

【作用与用途】用于兔舍熏蒸消毒。

【用法与用量】以本品计。空间熏蒸消毒：15mL/m^3。器械消毒：配成2%溶液。

【注意事项】（1）对皮肤、黏膜有强刺激性。药液污染皮肤，应立即用肥皂和水清洗。

（2）甲醛气体有强致癌作用，尤其肺癌。

（3）消毒后在物体表面形成一层具腐蚀作用的薄膜。

【休药期】无需制订。

·复方甲醛溶液·

由甲醛、乙二醛、戊二醛和苯扎氯铵与适宜辅料配制而成。

【作用与用途】用于兔舍及器具消毒。

【用法与用量】兔舍、物品、运输工具消毒，1：（200～400）稀释；发生疫病时消毒，1：（100～200）稀释。

【注意事项】（1）对皮肤、黏膜有强刺激性。操作人员要做好防护。

（2）温度低于5℃时，可适当提高使用浓度。

（3）忌与肥皂及其他阴离子表面活性剂、盐类消毒剂、碘化物和过氧化物等合用。

【休药期】 无需制订。

·（浓）戊二醛溶液·

戊二醛为灭菌剂，具有广谱、高效和速效消毒作用。对革兰氏阳性和阴性细菌均具有迅速的杀灭作用，对细菌繁殖体、芽孢、病毒、结核杆菌和真菌等均有很好的杀灭作用。水溶液 pH 为 7.5～7.8 时，杀菌作用最佳。

【作用与用途】 主要用于兔舍及器具的消毒。

【用法与用量】 以戊二醛计。喷洒、浸泡消毒：配成 2%溶液，消毒 15～20min 或放置至干。

【注意事项】（1）避免接触皮肤和黏膜。如接触后应及时用水冲洗干净。

（2）不应接触金属器具。

【休药期】 无需制订。

·（稀）戊二醛溶液·

【作用与用途】 用于兔舍及器具的消毒。

【用法与用量】 以戊二醛计。喷洒使浸透：配成 0.78%溶液，保持 5 min 或放置至干。

【注意事项】 避免接触皮肤和黏膜。

【休药期】 无需制订。

·复方戊二醛溶液·

由戊二醛和苯扎氯铵配制而成。

【作用与用途】用于畜舍及器具的消毒。

【用法与用量】喷洒，1∶150稀释，9mL/m²；涂刷，1∶150稀释，无孔材料表面100mL/m²，有孔材料表面300mL/m²。

【注意事项】（1）易燃。避免被灼烧，避免接触皮肤和黏膜，避免吸入，使用时需谨慎，应配备防护衣、手套、护面和护眼用具等。

（2）禁与阴离子表面活性剂及盐类消毒剂合用。

【休药期】无需制订。

·季铵盐戊二醛溶液·

由苯扎氯铵、癸甲溴铵和戊二醛配制而成。配有无水碳酸钠。

【作用与用途】用于兔舍日常环境消毒。可杀灭细菌、病毒、芽孢。

【用法与用量】以本品计。临用前将消毒液碱化（每100mL消毒液加无水碳酸钠2g，搅拌至无水碳酸钠完全溶解），再用自来水将碱化液稀释后喷雾或喷洒：200mL/m²，消毒1h。日常消毒，1∶（250～500）稀释；杀灭病毒，1∶（100～200）稀释；杀灭芽孢，1∶（1～2）稀释。

【注意事项】（1）使用前将兔舍清理干净。

（2）对具有碳钢或铝设备的兔舍进行消毒时，需在消毒1h后及时清洗残留的消毒液。

（3）消毒液碱化后3d内用完。

（4）产品发生冻结时，用前进行解冻，并充分摇匀。

【休药期】无需制订。

三、季铵盐类

·辛氨乙甘酸溶液·

为两性离子表面活性剂。对化脓球菌、肠道杆菌等及真菌有良好的杀灭作用，对细菌芽孢无杀灭作用。具有低毒、无残留的特点，有较好的渗透性。

【作用与用途】用于兔舍、环境、器械和手的消毒。

【用法与用量】兔舍、环境、器械消毒，1∶（100～200）稀释；手消毒，1∶1 000 稀释。

【注意事项】（1）忌与其他消毒药合用。

（2）不宜用于粪便、污秽物及污水的消毒。

【休药期】无需制订。

·苯扎溴铵溶液·

为阳离子表面活性剂，对细菌如化脓球菌、肠道杆菌等有较好的杀灭作用，对革兰氏阳性菌的杀灭能力强于革兰氏阴性菌。对病毒的作用较弱，对亲脂性病毒如流感病毒有一定的杀灭作用；对亲水性病毒无效。对结核杆菌和真菌杀灭效果甚微。对细菌芽孢只能起到抑制作用。

【作用与用途】用于手术器械、皮肤和创面消毒。

【用法与用量】以苯扎溴铵计。创面消毒：配成 0.01%溶液；皮肤、手术器械消毒：配成 0.1%溶液。

【应用注意】（1）禁与肥皂或其他阴离子表面活性剂、盐类消毒药、碘化物和过氧化物等合用，经肥皂洗手后，务必用水冲洗干净后再用本品。

（2）手术器械浸泡消毒时需加入 0.5%亚硝酸钠以防止生锈，其水溶液不得贮存于聚乙烯制作的瓶内，以避免与增塑剂起反应而使药液失效。

（3）不适用于粪便、污水和皮革等消毒。

（4）可引起人的药物过敏。

【休药期】无需制订。

·癸甲溴铵溶液·

为阳离子表面活性剂，能吸附于细菌表面，改变菌体细胞膜的通透性，呈现杀菌作用。具有广谱、高效、无毒、抗硬水、抗有机物等特点，适用于环境、水体、器具等消毒。

【作用与用途】用于兔舍、饲喂器具和饮水等消毒。

【用法与用量】以癸甲溴铵计。兔舍、器具消毒：配成0.015%～0.05%溶液；饮水消毒：配成0.002 5%～0.005%溶液。

【应用注意】（1）原液对皮肤和眼睛有轻微刺激，避免接触眼睛、皮肤和黏膜，如溅及眼睛和皮肤，立即以大量清水冲洗至少15min。

（2）内服有毒性，如误食立即用大量清水或牛奶洗胃。

【休药期】无需制订。

·度　米　芬·

为阳离子表面活性剂，可用作消毒剂、除臭剂和杀菌防霉剂。对革兰氏阳性和阴性菌均有杀灭作用，但对阴性菌需较高浓度。对细菌芽孢、耐酸细菌和病毒效果不显著。有抗真菌作用。在中性或弱碱性溶液中效果更好，在酸性溶液中效果下降。

【作用与用途】用于创面、黏膜、皮肤和器械消毒。

【用法与用量】创面、黏膜消毒：0.02%～0.05%溶液；皮肤、器械消毒：0.05%～0.1%溶液。

【不良反应】可引起人接触性皮炎。

【注意事项】（1）禁止与肥皂、盐类和其他合成洗涤剂、无机碱合用。

（2）避免使用铝制容器。

（3）消毒金属器械需加0.5%亚硝酸钠防锈。

【休药期】无需制订。

·醋酸氯己定·

为阳离子表面活性剂，对革兰氏阳性、阴性菌和真菌均有杀灭作用，但对结核杆菌、细菌芽孢及某些真菌仅有抑制作用。杀菌作用强于苯扎溴铵，迅速且持久，毒性低，无局部刺激作用。不易被有机物灭活，但易被硬水中的阴离子沉淀而失去活性。

【作用与用途】用于皮肤、黏膜、手术创面、手及器械等消毒。

【用法与用量】皮肤消毒：配成0.5%醇溶液（以70%乙醇配制）；黏膜及创面消毒：配成0.05%溶液；手消毒：配成0.02%溶液；器械消毒：配成0.1%溶液。

【注意事项】（1）禁与肥皂、碱性物质和其他阴离子表面活性剂混合使用，金属器械消毒时加0.5%亚硝酸钠防锈。

（2）禁与汞、甲醛、碘酊、高锰酸钾等消毒剂配伍应用。

（3）本品遇硬水可形成不溶性盐，遇软木（塞）可失去药物活性。

【休药期】无需制订。

·月苄三甲氯铵溶液·

【作用与用途】用于兔舍及器具消毒。

【用法与用量】兔舍消毒，喷洒，1∶300稀释；器具消毒，浸洗1∶（1 000～1 500）稀释。

【注意事项】禁与肥皂、酚类、原酸盐类、酸类、碘化物等合用。

【休药期】无需制订。

四、碱类

·氢氧化钠（苛性钠）·

为一种高效消毒剂。属原浆毒，能杀灭细菌、芽孢和病毒。

2%～4%溶液可杀死病毒和细菌；30%溶液 10min 可杀死芽孢；4%溶液 45min 可杀死芽孢。

【作用与用途】用于兔舍、仓库地面、墙壁、工作间、入口处、运输车船和饲饮具等消毒。

【用法与用量】消毒：配成 1%～2%热溶液用于喷洒或洗刷消毒，2%～4%溶液用于病毒、细菌的消毒，5%溶液用于养兔场消毒池及进出车辆的消毒。

【注意事项】（1）遇有机物可使其杀灭病原微生物的能力降低。

（2）消毒兔舍前应清空家兔。

（3）对组织有强腐蚀性，能损坏织物和铝制品等。

（4）消毒时应注意防护，消毒后适时用清水冲洗。

【休药期】无需制订。

五、卤素类

·含氯石灰（漂白粉）·

遇水生成次氯酸，释放活性氯和新生态氧而呈现杀菌作用。杀菌作用强但不持久。对细菌繁殖体、芽孢、病毒及真菌都有杀灭作用，并可破坏肉毒梭菌毒素。1%溶液作用 0.5～1min 即可抑制多数繁殖型细菌的生长，1～5min 可抑制葡萄球菌和链球菌的生长，但对结核杆菌和鼻疽杆菌效果较差。30%混悬液作用 7min，炭疽芽孢停止生长。杀菌作用受有机物的影响，实际消毒时，与被消毒物的接触至少需 15～20min。含氯石灰中所含的氯可与氨和硫化氢发生反应，故有除臭作用。

【作用与用途】用于饮水、兔舍、场地、车辆及排泄物的消毒。

【用法与用量】5%～20%混悬液用于兔舍、地面和排泄物的消毒。饮水消毒：每 50L 水加本品 1g，30 min 后即可饮用。

【注意事项】（1）对皮肤和黏膜有刺激作用，消毒人员应注意防护。

（2）对金属有腐蚀作用，不能用于金属制品。

（3）可使有色棉织物褪色，不可用于有色衣物的消毒。

（4）现配现用，久贮易失效，保存于阴凉干燥处。

【休药期】无需制订。

·次氯酸钠溶液·

【作用与用途】用于畜舍、器具及环境的消毒。

【用法与用量】以本品计。兔舍、器具消毒，1∶（50～100）稀释。常规消毒，1∶1 000稀释。

【应用注意】（1）本品对金属有腐蚀性，对织物有漂白作用。

（2）可伤害皮肤，置于儿童不能触及处。

（3）包装物用后集中销毁。

【休药期】无需制订。

·复合次氯酸钙粉·

由次氯酸钙和丁二酸配合而成。遇水生成次氯酸，释放活性氯和新生态氧而呈现杀菌作用。

【作用与用途】用于空舍、周边环境喷雾消毒和饲养全过程的带兔喷雾消毒，饲养器具的浸泡消毒和物体表面的擦洗消毒。

【用法与用量】（1）配制消毒母液：打开外包装后，先将A包内容物溶解到10L水中，待搅拌完全溶解后，再加入B包内容物，搅拌，至完全溶解。

（2）喷雾：空舍和环境消毒，1∶（15～20）稀释，150～200mL/m^{3}作用30min；带兔消毒，预防和发病时分别按1∶20和1∶15稀释，50mL/m^{3}作用30min。

（3）浸泡、擦洗饲养器具，1∶30稀释，按实际需要量作用20min。

（4）对特定病原体如大肠杆菌、金黄色葡萄球菌1∶140稀释，巴氏杆菌1∶30稀释。

【注意事项】（1）配制消毒母液时，袋内的A包与B包必须按顺序一次性全部溶解，不得增减使用量。配制好的消毒液应在非金属容器中密封贮存。

（2）配制消毒液的水温不得超过50℃和低于25℃。

（3）若母液不能一次用完，应放于10L桶内，密闭，置凉暗处，可保存60d。

（4）禁止内服。

【休药期】无需制订。

·复合亚氯酸钠·

与盐酸可生产二氧化氯而发挥杀菌作用。对细菌繁殖体、芽孢、病毒及真菌都有杀灭作用，并可破坏肉毒梭菌毒素。二氧化氯形成的多少与溶液的pH有关，pH越低，二氧化氯形成越多，杀菌作用越强。

【作用与用途】用于兔舍、饲喂器具及饮水等消毒，并有除臭作用。

【用法与用量】本品1g加水10mL溶解，加活化剂1.5mL活化后，加水至150mL备用。兔舍、饲喂器具消毒：15～20倍稀释；饮水消毒：200～1 700倍稀释。

【注意事项】（1）避免与强还原剂及酸性物质接触。注意防爆。

（2）本品浓度为0.01%时对铜、铝有轻度腐蚀性，对碳钢有中度腐蚀。

（3）现配现用。

【休药期】无需制订。

·二氯异氰尿酸钠粉（优氯净）·

含氯消毒剂。在水中分解为次氯酸和氯脲酸，次氯酸释放活性氯和新生态氧，对细菌原浆蛋白产生氯化和氧化反应而呈现杀菌作用。

【作用与用途】主要用于兔舍、兔栏、器具等消毒。

【用法与用量】以有效氯计。兔舍、器具消毒：每1L水，0.1～1g；疫源地消毒：每1L水0.2g。

【注意事项】所需消毒溶液现配现用，对金属有轻微腐蚀，可使有色棉织品褪色。

【休药期】无需制订。

·三氯异氰脲酸粉·

含氯消毒剂。在水中分解为次氯酸和氯脲酸，次氯酸释放活性氯和新生态氧，对细菌原浆蛋白产生氯化和氧化反应而呈现杀菌作用。

【作用与用途】主要用于兔舍、器具及饮水消毒。

【用法与用量】以有效氯计。喷洒、冲洗、浸泡：场地的消毒，配成0.16%溶液；饲养用具，配成0.04%溶液；饮水消毒，每1L水0.4 mg，作用30 min。

【注意事项】本品对人的皮肤与黏膜有刺激作用，对织物、金属有漂白或腐蚀作用，使用时注意防护。

【休药期】无需制订。

·溴氯海因粉·

为有机溴氯复合型消毒剂，能同时解离出溴和氯，分别形成次氯酸和次溴酸，有协调增效作用。溴氯海因具广谱杀菌作用，对细菌繁殖体、真菌和病毒有杀灭作用。

【作用与用途】用于兔舍、运输工具等的消毒。

【用法与用量】以本品计。喷洒、擦洗或浸泡：环境或运载工具消毒，细菌繁殖体按1∶333稀释。

【注意事项】（1）本品对炭疽芽孢无效。

（2）禁用金属容器盛放。

【休药期】无需制订。

·碘·

碘能引起蛋白质变性而具有极强的杀菌力，能杀死细菌、芽孢、霉菌、病毒和部分原虫。碘难溶于水，在水中不易水解形成次碘酸。在碘水溶液中具有杀菌作用的成分为元素碘（I_2）、三碘化物的离子（I_3^-）和次碘酸（HIO），其中次碘酸的量较少，但作用最强，I_2 次之，解离的 I_3^- 杀菌作用极微弱。在酸性条件下，游离碘增多，杀菌作用较强；在碱性条件下则相反。商品化碘消毒剂较多。

【药物相互作用】与含汞化合物相遇，产生碘化汞而呈现毒性作用。

【不良反应】使用时偶尔引起过敏反应。

【注意事项】（1）对碘过敏的动物禁用。

（2）禁与含汞化合物配伍。

（3）必须涂于干的皮肤上，如涂于湿皮肤上不仅杀菌效力降低，且易引起发疱和皮炎。

（4）配制碘液时，若碘化物过量加入，可使游离碘变为碘化物，反而导致碘失去杀菌作用。配制的碘溶液应存放在密闭容器内。

（5）若存放时间过久，颜色变淡，应测定碘含量，将碘浓度补足后再使用。

(6) 碘可着色，沾有碘液的天然纤维织物不易洗除。

(7) 长时间浸泡金属器械会产生腐蚀性。

【休药期】无需制订。

·碘　　酊·

碘酊是常用最有效的皮肤消毒药。含碘2%、碘化钾1.5%，加水适量，以50%乙醇配制。

【作用与用途】用于手术前和注射前皮肤消毒和术野消毒。

【用法与用量】涂擦皮肤。

【不良反应】【注意事项】【休药期】同碘。

·碘　甘　油·

碘甘油刺激性较小。含碘1%、碘化钾1%，加甘油适量配制而成。

【作用与用途】用于黏膜表面消毒，治疗口腔、舌、齿龈、阴道等黏膜炎症与溃疡。

【用法与用量】涂擦皮肤。

【不良反应】【注意事项】【休药期】同碘。

·碘　　附·

碘附由碘、碘化钾、硫酸、磷酸等配制而成。

【作用与用途】用于手术部位和手术器械消毒，兔舍、饲喂器具等消毒。

【用法与用量】以本品计。喷洒、冲洗、浸泡：手术部位和手术器械消毒，用水1∶(3～6)稀释；厩舍、饲喂器具，用水1∶(100～200)稀释。

【不良反应】【注意事项】【休药期】同碘。

· 碘酸混合溶液 ·

【作用与用途】用于兔舍、产品加工场所、用具及饮水的消毒。

【用法与用量】病毒类消毒：配成0.66%～2%溶液；兔舍及用具消毒：配成0.33%～0.50%溶液；饮水消毒：配成0.08%溶液。

【不良反应】【注意事项】【休药期】同碘。

· 聚维酮碘溶液 ·

通过释放游离碘，破坏菌体新陈代谢，对细菌、病毒和真菌均有良好的杀灭作用。

【作用与用途】常用于手术部位、皮肤和黏膜消毒。

【用法与用量】以聚维酮碘计。皮肤消毒及治疗皮肤病：配成5%溶液；黏膜及创面冲洗：配成0.1%溶液。带兔消毒可用0.5%溶液。

【注意事项】（1）当溶液变为白色或淡黄色即失去消毒活性。

（2）勿用金属容器盛装。

（3）勿与强碱类物质及重金属物质混用。

【休药期】无需制订。

· 蛋氨酸碘溶液 ·

为蛋氨酸与碘的络合物。通过释放游离碘，破坏菌体新陈代谢，对细菌、病毒和真菌均有良好的杀灭作用。

【作用与用途】主要用于兔舍消毒。

【用法与用量】以本品计。兔舍消毒：取本品稀释500～2 000倍后喷洒。

【注意事项】勿与维生素C类强还原物同时使用。

【休药期】无需制订。

六、氧化剂类

·过氧乙酸溶液·

为强氧化剂，遇有机物放出初生态氧，通过氧化作用而杀灭病原微生物。

【作用与用途】用于杀灭兔舍、用具（食槽、水槽）、场地的喷雾消毒及兔舍内空气消毒。可以带兔消毒，也可用于饲养人员手臂消毒。

【用法与用量】以本品计。喷雾消毒：兔舍 1∶（200～400）稀释；熏蒸消毒：5～15mL/m^3；浸泡消毒：器具等 1∶500 稀释。饮水消毒：每 10L 水加本品 1mL。

【注意事项】（1）使用前将 A、B 液混合反应 10h 生产过氧乙酸消毒液。

（2）本品腐蚀性强，操作时戴上防护手套，避免药液灼伤皮肤。

（3）稀释时避免使用金属器具。

（4）稀释液易分解，宜现用现配。

（5）配好的溶液应低温、避光、密闭保存，置玻璃瓶内或硬质塑料瓶内。

【休药期】无需制订。

·过硫酸氢钾复合物粉·

【作用与用途】用于兔舍、空气和饮水等消毒。

【用法与用量】浸泡、喷雾：兔舍环境、饮水设备及空气消毒、终末消毒、设备消毒、脚踏盆消毒，1∶200 稀释；饮用水消毒，1∶1 000 稀释。用于特定病原体，大肠杆菌、金黄色葡萄球菌，1∶400 稀释；用于链球菌，1∶800稀释。

【注意事项】（1）不得与碱类物质混存或合并使用。

（2）产品用尽后，包装不得乱丢，应集中处理。

（3）现配现用。

【休药期】无需制订。

第六节 中兽药

一、清热解表去湿药

·八姊金花散·

【主要成分】金银花、大青叶、板蓝根、蒲公英、紫花地丁等。

【性状】本品为灰褐色的粉末；气微香。

【功能】清热解毒，疏风解表。

【主治】风热感冒，肺热咳嗽。

【用法与用量】每千克体重家兔1g。

【不良反应】按规定剂量使用，暂未见不良反应。

【注意事项】暂无规定。

【贮藏】密闭，防潮。

·三黄散·

【主要成分】大黄、黄柏、黄芩。

【性状】本品为灰黄色的粉末；味苦。

【功能】清热泻火，燥湿止痢。

【主治】湿热下痢。

【用法与用量】家兔2.5～5g。

【不良反应】按规定剂量使用，暂未见不良反应。

【注意事项】孕兔慎用。

【贮藏】密闭，防潮。

·白马黄柏散·

【主要成分】白头翁、马齿苋、黄柏。

【性状】本品为棕黄色的粉末；气微，味苦。

【功能】清热解毒，凉血止痢。

【主治】热毒血痢，湿热肠黄。

【用法与用量】家兔 1.5～6g。

【不良反应】按规定剂量使用，暂未见不良反应。

【注意事项】暂无规定。

【贮藏】密闭，防潮。

·白　龙　散·

【主要成分】白头翁、龙胆、黄连。

【性状】本品为浅棕黄色的粉末；气微，味苦。

【功能】清热燥湿，凉血止痢。

【主治】湿热泻痢，热毒血痢。

（1）湿热泻痢　证见精神沉郁，发热，食欲减少或废绝，口渴多饮，有时轻微腹痛，蜷腰卧地，排粪次数明显增多，频频努责，里急后重。泻粪稀薄或呈水样，腥臭甚至恶臭。尿短赤，口色红，舌苔黄厚，口臭，脉象沉数。

（2）热毒血痢　证见湿热泻痢症状，粪中混有大量血液。

【用法与用量】家兔 1～3g。

【不良反应】按规定剂量使用，暂未见不良反应。

【注意事项】脾胃虚寒者禁用。

【贮藏】密闭，防潮。

·白头翁散·

【主要成分】白头翁、黄连、黄柏、秦皮。

【性状】本品为浅灰黄色的粉末；气香，味苦。

【功能】清热解毒，凉血止痢。

【主治】湿热泄泻，下痢脓血。

证见精神沉郁，体温升高，食欲不振或废绝，口渴多饮，有时轻微腹痛，排粪次数明显增多，频频努责，里急后重。泻粪稀薄或呈水样，混有脓血黏液，腥臭甚至恶臭。尿短赤，口色红，舌苔黄厚，口臭，脉象沉数。

【用法与用量】家兔 2～3g。

【不良反应】按规定剂量使用，暂未见不良反应。

【注意事项】脾胃虚寒者禁用。

【贮藏】密闭，防潮。

·白头翁口服液·

【主要成分】白头翁、黄连、秦皮、黄柏。

【性状】本品为棕红色的液体；味苦。

【功能】清热解毒，凉血止痢。

【主治】湿热泄泻，下痢脓血。

【用法与用量】家兔 2～3mL。

【不良反应】按规定剂量使用，暂未见不良反应。

【注意事项】暂无规定。

【规格】每 1mL 相当于原生药 1g。

【贮藏】密封，置阴凉处。

·荆防败毒散·

【主要成分】荆芥、防风、羌活、独活、柴胡等。

【性状】本品为淡灰黄色或淡灰棕色的粉末；气微香，味甘苦、微辛。

【功能】辛温解表，疏风祛湿。

【主治】风寒感冒，流感。

证见恶寒颤抖明显，发热较轻，耳耷头低，腰弓毛乍，鼻流清涕，咳嗽，口津润滑，舌苔薄白，脉象浮紧。

【用法与用量】家兔 1～3g。

【不良反应】按规定剂量使用，暂未见不良反应。

【注意事项】暂无规定。

【贮藏】密闭，防潮。

·香 薷 散·

【主要成分】香薷、黄芩、黄连、甘草、柴胡等。

【性状】本品为黄色的粉末；气香，味苦。

【功能】清热解暑。

【主治】伤暑，中暑。

（1）伤暑　证见身热汗出，呼吸气促，精神倦怠，耳耷头低，四肢无力，呆立如痴，食少纳呆，口干喜饮，口色鲜红，脉象洪大。

（2）中暑　突然发病。证见身热喘促，全身肉颤，汗出如浆，烦躁不安，行走如醉，甚至神昏倒地，痉挛抽搐，口色赤紫，脉象洪数或细数无力。

【用法与用量】家兔 1～3g。

【不良反应】按规定剂量使用，暂未见不良反应。

【注意事项】暂无规定。

【贮藏】密闭，防潮。

·黄连解毒散·

【主要成分】黄连、黄芩、黄柏、栀子。

【性状】本品为黄褐色的粉末；味苦。

【功能】泻火解毒。

【主治】三焦实热，疮黄肿毒。

证见体温升高，血热发斑，狂躁不安，或疮黄疔毒，舌红口干，苔黄，脉数有力等。

【用法与用量】家兔 1～2g。

【不良反应】按规定剂量使用，暂未见不良反应。

【注意事项】暂无规定。

【贮藏】密闭，防潮。

·银 翘 散·

【主要成分】金银花、连翘、薄荷、荆芥、淡豆豉等。

【性状】本品为棕褐色粉末；气香，味微甘、苦、辛。

【功能】辛凉解表，清热解毒。

【主治】风热感冒，咽喉肿痛，疮痈初起。

（1）*风热感冒*　证见发热重，恶寒轻，咳嗽，咽喉肿痛，口干微红，舌苔薄黄，脉象浮数。

（2）*疮痈初起*　证见局部红肿热痛明显，兼见发热，口干微红，舌苔薄黄，脉象浮数。

【用法与用量】家兔 1～3g。

【不良反应】按规定剂量使用，暂未见不良反应。

【注意事项】暂无规定。

【贮藏】密闭，防潮。

·清　暑　散·

【主要成分】香薷、白扁豆、麦冬、薄荷、木通等。

【性状】本品为黄棕色的粉末；气香，味辛、甘、微苦。

【功能】清热祛暑。

【主治】伤暑，中暑。

（1）伤暑　证见身热汗出，呼吸气促，精神倦怠，耳耷头低，四肢无力，呆立如痴，食少纳呆，口干喜饮，口色鲜红，脉象洪大。

（2）中暑　突然发病。证见身热喘促，全身肉颤，汗出如浆，烦躁不安，行走如醉，甚至神昏倒地，痉挛抽搐，口色赤紫，脉象洪数或细数无力。

【用法与用量】家兔 1～3g。

【不良反应】按规定剂量使用，暂未见不良反应。

【注意事项】暂无规定。

【贮藏】密闭，防潮。

·清瘟败毒散·

【主要成分】石膏、地黄、水牛角、黄连、栀子等。

【性状】本品为灰黄色的粉末；气微香，味苦、微甜。

【功能】泻火解毒，凉血。

【主治】热毒发斑，高热神昏。

证见大热躁动，口渴，昏狂，发斑，舌绛，脉数。

【用法与用量】家兔 1～3g。

【不良反应】按规定剂量使用，暂未见不良反应。

【注意事项】暂无规定。

【贮藏】密闭，防潮。

·普济消毒散·

【主要成分】大黄、黄芩、黄连、甘草、马勃等。

【性状】本品为灰黄色的粉末；气香，味苦。

【功能】清热解毒，疏风消肿。

【主治】热毒上冲，头面、腮颊肿痛，疮黄疔毒。

【用法与用量】家兔 1～3g。

【不良反应】按规定剂量使用，暂未见不良反应。

【注意事项】暂无规定。

【贮藏】密闭，防潮。

二、健胃健脾消食药

·大　黄　末·

【主要成分】大黄。

【性状】本品为黄棕色的粉末；气清香，味苦、微涩。

【功能】健胃消食，泻热通肠，凉血解毒，破积行瘀。

【主治】食欲不振，实热便秘，结症；疮黄疔毒，目赤肿痛；烧伤烫伤，跌打损伤。

（1）实热便秘　证见腹痛起卧，粪便不通，小便短赤或黄，口臭，口干舌红，苔黄厚，脉象沉数。

（2）疮症　初起局部肿胀，硬而多有疼痛或发热，最终化脓破溃。轻者全身症状不明显。重者发热倦怠，食欲不振，口色红，脉数。

（3）黄症　证见局部肿胀，初期发硬，继之扩大变软、无痛，久则破溃流出黄水，口色鲜红，脉洪大。

（4）目赤肿痛　证见白睛潮红、充血、疼痛，羞明流泪，眵多难睁；继则睛生翳膜、视物不清，或行走乱撞；口色鲜红，脉象弦数。

【用法与用量】家兔 1～3g。外用适量，调敷患处。

【不良反应】按规定剂量使用，暂未见不良反应。

【注意事项】孕兔慎用。

【贮藏】密闭，防潮。

【注意事项】暂无规定。

【贮藏】密闭，防潮。

·龙　胆　末·

【主要成分】龙胆。

【性状】本品为浅黄棕色的粉末；气微，味甚苦。

【功能】健脾。

【主治】食欲不振。

【用法与用量】家兔 1.5～3g。

【不良反应】按规定剂量使用，暂未见不良反应。

·保　健　锭·

【主要成分】樟脑、薄荷脑、大黄、陈皮、龙胆等。

【性状】本品为黄褐色扁圆形的块体；有特殊芳香气，味辛、苦。

【功能】健脾开胃，通窍醒神。

【主治】消化不良，食欲不振。

【用法与用量】家兔 0.5～2g。

【不良反应】按规定剂量使用，暂未见不良反应。

【注意事项】暂无规定。

【贮藏】密闭，防潮。

·蓖　麻　油·

【主要成分】蓖麻油。

【性状】本品为几乎无色或微带黄色的澄清黏稠液体；气微，味淡而后微辛。

【功能】刺激性泻药。

【主治】便秘，结症。

证见食欲大减或废绝，精神不安，腹痛起卧，回头顾腹，后肢蹴腹。排粪减少或粪便不通，粪球干小。肠音不整，继则肠音沉衰或废绝。口内干燥，舌苔黄厚，脉象沉实。

【用法与用量】家兔 1～3mL。

【不良反应】偶可致过度腹泻；投服后有反胃、呕吐及随后发生短时便秘的可能。

【注意事项】（1）对肠道有刺激性，不宜反复使用。

（2）忌与脂溶性驱肠虫药同用。

（3）孕兔忌用。

【贮藏】遮光，密闭保存。

三、清肺平喘止咳药

·白 矾 散·

【主要成分】白矾、浙贝母、黄连、白芷、郁金等。

【性状】本品为黄棕色的粉末；气香，味甘、涩、微苦。

【功能】清热化痰，下气平喘。

【主治】肺热咳喘。

证见精神沉郁，耳鼻温热，咳嗽，有时张口伸颈而喘，鼻流浓涕，口渴喜饮，大便干燥，小便短赤，口干舌红或发绀，舌苔黄厚腻。脉象洪数。

热毒血痢　证见湿热泻痢症状，粪中混有大量血液。

【用法与用量】家兔 1～3g。

【不良反应】按规定剂量使用，暂未见不良反应。

【注意事项】暂无规定。

【贮藏】密闭，防潮。

·定　喘　散·

【主要成分】桑白皮、炒苦杏仁、莱菔子、葶苈子、紫苏子等。

【性状】本品为黄褐色的粉末；气微香，味甘、苦。

【功能】清肺，止咳，定喘。

【主治】肺热咳嗽，气喘。

（1）肺热咳嗽　证见耳鼻体表温热，鼻涕黏稠，呼出气热，咳声洪大，口色红，苔黄，脉数。

（2）气喘　证见咳嗽喘急，发热，有汗或无汗，口干渴，舌红，苔黄，脉数。

【用法与用量】家兔 1～3g。

【不良反应】按规定剂量使用，暂未见不良反应。

【注意事项】暂无规定。

【贮藏】密闭，防潮。

·桔梗栀黄散·

【主要成分】桔梗、山豆根、栀子、苦参、黄芩。

【性状】本品为灰棕色至黄棕色的粉末；气微，味苦。

【功能】清肺止咳，消肿利咽。

【主治】肺热咳嗽，咽喉肿痛。

【用法与用量】家兔 2～3g。

【不良反应】按规定剂量使用，暂未见不良反应。

【注意事项】暂无规定。

【贮藏】密闭，防潮。

·麻杏石甘片·

【主要成分】麻黄、苦杏仁、石膏、甘草。

【性状】本品为淡灰黄色片；气微香，味辛、苦、涩。

【功能】清热，宣肺，平喘。

【主治】肺热咳喘。

证见发热，有汗或无汗，烦躁不安，咳嗽气粗，口渴尿少。舌红，苔薄白或黄。脉象浮滑而数。

【用法与用量】家兔 5～10 片。

【不良反应】按规定剂量使用，暂未见不良反应。

【注意事项】暂无规定。

【贮藏】密闭，防潮。

·麻杏石甘散·

【主要成分】麻黄、苦杏仁、石膏、甘草。

【性状】本品为淡黄色的粉末；气微香，味辛、苦、涩。

【功能】清热，宣肺，平喘。

【主治】肺热咳喘。

证见发热，有汗或无汗，烦躁不安，咳嗽气粗，口渴尿少。舌红，苔薄白或黄。脉象浮滑而数。

【用法与用量】家兔 1～3g。

【不良反应】按规定剂量使用，暂未见不良反应。

【注意事项】暂无规定。

【贮藏】密闭，防潮。

·清肺止咳散·

【主要成分】桑白皮、知母、苦杏仁、前胡、金银花等。

【性状】本品为黄褐色粉末；气微香，味苦、甘。

【功能】清泻肺热，化痰止痛。

【主治】肺热咳喘，咽喉肿痛。

证见咳声洪亮，气促短粗，鼻翼煽动，鼻涕黄而黏稠，咽喉肿痛。粪便干燥，尿短赤，口渴贪饮。舌苔黄燥，脉象洪数。

【用法与用量】家兔 1～3g。

【不良反应】按规定剂量使用，暂未见不良反应。

【注意事项】暂无规定。

【贮藏】密闭，防潮。

四、驱虫止痢化湿药

·杨树花口服液·

【主要成分】杨树花。

【性状】本品为红棕色的澄明液体。

【功能】化湿止痢。

【主治】痢疾，肠炎。

（1）痢疾　证见精神短少，蜷腰卧地，食欲减少甚至废绝。弓腰努责，泻粪不爽，里急后重，下痢稀糊，赤白相杂，或呈白色胶冻状。口色赤红，舌苔黄腻，脉数。

（2）肠炎　证见发热，精神沉郁，食欲减少或废绝，口渴多饮。有时轻微腹痛，蜷腰卧地。泻粪稀薄，黏腻腥臭，尿赤短。口色赤红，舌苔黄腻，口臭。脉象沉数。

【用法与用量】1～2mL。

【不良反应】按规定剂量使用，暂未见不良反应。

【注意事项】暂无规定。

【规格】每 1mL 相当于原生药 1g。

【贮藏】密闭，置阴凉处。

·驱 球 散·

【主要成分】常山、柴胡、苦参、青蒿、地榆（炭）等。

【性状】本品为灰黄色或灰绿色的粉末；气微香，味苦。

【功能】驱虫，止血，止痢。

【主治】球虫病。

【用法与用量】家兔 0.5g，连用 5～8d。

【不良反应】按规定剂量使用，暂未见不良反应。

【注意事项】暂无规定。

【贮藏】密闭，防潮。

·驱虫止痢合剂·

【主要成分】常山、白头翁、仙鹤草、马齿苋、地母草。

【性状】本品为深棕色的黏稠液体；味甜、微苦。

【功能】清热凉血，杀虫止痢。

【主治】球虫病。

【用法与用量】家兔 4～5mL。

【不良反应】按规定剂量使用，暂未见不良反应。

【注意事项】暂无规定。

【贮藏】密封，置阴凉处。

·驱虫止痢散·

【主要成分】常山、白头翁、仙鹤草、苦参、地母草。

【性状】本品为灰棕色至深棕色的粉末；气微香。

【功能】清热凉血，杀虫止痢。

【主治】球虫病。

【用法与用量】家兔 2～2.5g。

【不良反应】按规定剂量使用，暂未见不良反应。

【注意事项】暂无规定。

【规格】每 1g 相当于原生药 4g。

·常青球虫散·

【主要成分】常山、白头翁、仙鹤草、苦参、马齿苋等。

【性状】本品为灰棕色至深棕色的粉末；气微香。

【功能】清热燥湿，凉血止痢。

【主治】球虫病。

【用法与用量】家兔 1～2g，连用 7d。

【不良反应】按规定剂量使用，暂未见不良反应。

【注意事项】暂无规定。

【规格】每 1g 相当于原生药 4g。

第七节 生殖调控用药

·注射用血促性素·

【主要成分】孕马血清促性腺激素。

【性状】本品为白色冻干块状物或粉末。

【药理作用】血促性素属于激素类药物，具有促卵泡素（FSH）和促黄体素（LH）样作用。对母兔，主要表现卵泡刺激素样作用，促进卵泡的发育和成熟，引起母兔发情；也有轻度黄体生成素样作用，促进成熟卵泡排卵甚至超数排卵。对公兔，主要表现黄体生成样作用，能增加雄激素分泌，提高性兴奋。

【作用与用途】激素类药。主用于母兔催情和促进卵泡发育。

【用法与用量】临用前，以灭菌生理盐水 2～5mL 稀释。皮下、肌内注射：30～50U。

【不良反应】按规定的用法与用量使用尚未见不良反应

【注意事项】（1）不宜长期应用，以免产生抗体和抑制垂体促性腺功能。

（2）本品溶液极不稳定，且不耐热，应在短时间内用完。

【休药期】无需制订。

【规格】（1）1 000U。（2）2 000U。

【贮藏】遮光，密闭，在冷暗处保存。

·缩宫素注射液·

【主要成分】本品系自猪或牛的脑垂体后叶中提取或化学合成的缩宫素的灭菌水溶液。

【性状】本品为无色澄明或几乎澄明的液体。

【药理作用】能选择性兴奋子宫，加强子宫平滑肌的收缩。其兴奋子宫平滑肌作用因剂量大小、体内激素水平而不同。小剂量能增加妊娠末期子宫肌的节律性收缩，收缩舒张均匀；大剂量则能引起子宫平滑肌强直性收缩，使子宫肌层内的血管受压迫而起止血作用。此外，缩宫素能促进乳腺腺泡和腺导管周围的肌上皮细胞收缩，促进排乳。

【作用与用途】子宫收缩药。用于催产、产后子宫止血和胎衣不下等。

【用法与用量】皮下、肌内注射：一次量，5～10U。

【不良反应】按规定的用法与用量使用尚未见不良反应。

【注意事项】子宫颈尚未开放、骨盆过狭以及产道阻碍时禁用于催产。

【休药期】无需制订。

【规格】（1）1mL∶10U。（2）2mL∶20U。（3）5mL∶50U。

【贮藏】密闭，在凉暗处保存。

第八节　微生态制剂

·蜡样芽孢杆菌活菌制剂（DM423）·

【主要成分与含量】本品中含有蜡样芽孢杆菌DM423菌株，每克制剂含活芽孢数不少于5亿。

【性状】粉剂为灰白色或灰褐色干燥粗粉或颗粒状；片剂外观完整光滑，类白色，色泽均匀。

【作用与用途】用于家兔腹泻的预防和治疗，并能促进生长。

【用法与用量】口服。家兔每只每次1～2g，日服2次，连服3～5d。按前述药量与少量饲料混合饲喂，病重可逐头饲喂。预防按治疗量的一半服用。

【注意事项】本品不得与抗菌药物及其添加剂同时使用。

【规格】片剂：（1）0.3g/片。（2）0.5g/片。粉剂：（1）50g/袋。（2）100g/袋。

【贮藏与有效期】避光，在干燥处室温保存，有效期为12个月。

·蜡样芽孢杆菌、粪链球菌活菌制剂·

【主要成分与含量】本品中含有无毒性链球菌和蜡样芽孢杆菌，每克制剂含芽孢菌不少于5亿，链球菌不少于100亿。

【性状】灰白色干燥粉末。

【作用与用途】本品为家兔饲料添加剂，可防治幼兔下痢，促进生长和增强机体的抗病能力。

【用法与用量】作饲料添加剂，按一定比例拌入饲料，兔料0.1%～0.2%。治疗量加倍。

【注意事项】本品勿与抗菌药物和抗菌药物添加剂同时使用，且勿用50℃以上热水溶解。

【规格】(1) 100g/袋。(2) 500g/袋。(3) 1 000g/袋。

【贮藏与有效期】避光干燥阴凉处室温保存，有效期为6个月。

·蜡样芽孢杆菌活菌制剂 (SA38)·

【主要成分与含量】本品中含有蜡样芽孢杆菌SA38菌株，每克制剂含活芽孢数不得少于5亿。

【性状】粉剂为灰白色或灰褐色的干燥粗粉；片剂为外观完整光滑、类白色或白色片。

【作用与用途】主要用于预防和治疗仔兔腹泻，并能促进生长。

【用法与用量】口服。治疗用量，兔按每千克体重0.1～0.15g。每日1次，连服3d。预防用量减半，连服7d。

【注意事项】本品不得与抗菌药和抗菌药物添加剂同时使用。

【规格】片剂：(1) 0.3g/片。(2) 0.5g/片。粉剂：(1) 50/袋。(2) 100g/袋。

【贮藏与有效期】避光，在干燥处室温保存，有效期为12个月。

·脆弱拟杆菌、粪链球菌和蜡样芽孢杆菌复合菌制剂·

【主要成分与含量】本品中含有脆弱拟杆菌、粪链球菌和蜡样芽孢杆菌，每克制剂应含活脆弱拟杆菌不少于100万个，含活粪链球菌1 000万个以上，含活蜡样芽孢杆菌1 000万个以上。

【性状】白色或黄色干燥粗粉，外观完整光滑、色泽均匀。

【作用与用途】对沙门氏菌及大肠杆菌引起的细菌性下痢均有疗效，并有调整肠道菌群失调、提高机体免疫力、促进生长的作用。

【用法与用量】用凉水溶解后饮用，或拌入饲料中口服，也可直接灌服。按饲料重量添加，预防量添加0.1%～0.2%、治疗量添加

0.2%～0.4%。

【注意事项】(1) 严禁与抗菌药物和抗菌药物饲料添加剂同时使用。

(2) 现拌料（或溶解）现吃，限当日用完。

【规格】(1) 100g/袋。(2) 250g/袋。(3) 500g/袋。

【贮藏与有效期】在冷暗干燥处室温保存，有效期为12个月。

·枯草芽孢杆菌活菌制剂（TY7210株）·

【主要成分与含量】本品中含有枯草芽孢杆菌TY7210株，每1mL制剂含活芽孢数不得少于5亿。

【性状】为土黄色至黄褐色乳状液，久置后，有少量沉淀物。

【作用与用途】用于预防和治疗家畜细菌性腹泻和促进生长。

【用法与用量】灌服或与少量饲料混合饲喂。预防用量，家兔每只每次5mL，每日1次，共服用1～3次。治疗用量，家兔每只每次10mL，每日1次，共服用3次。

【注意事项】(1) 本品严禁注射。

(2) 本品不得与抗菌药物和抗菌药物添加剂同时使用。

(3) 打开内包装后，限当日用完。

(4) 家兔出生后立即服用，效果更佳。

【规格】(1) 10mL/支。(2) 20mL/支。

【贮藏与有效期】在室温下避光保存，有效期为18个月。

第九节 兔用疫苗

·兔多杀性巴氏杆菌病灭活疫苗·

【主要成分】含灭活的A型多杀性巴氏杆菌。

【性状】静置后，上层有淡黄色透明液体，下层有少量白色沉淀，振摇后呈均匀混悬液。

【作用与用途】 用于预防家兔多杀性巴氏杆菌病。免疫保护期6个月。

【用法与用量】 皮下注射。3月龄以上家兔，每只1mL。

【注意事项】（1）切忌冻结，冻结过的疫苗严禁使用。

（2）使用前应先使疫苗恢复至室温，并充分摇匀。

（3）接种时，应做局部消毒处理。

（4）用过的疫苗瓶、器具和未用完的疫苗等应进行无害化处理。

【规格】 100mL/瓶。

【贮藏与有效期】 2～8℃保存，有效期为12个月。

【免疫推荐程序】 90～95日龄家兔首免，以后每间隔6个月免疫一次。

·兔病毒性出血症灭活疫苗·

【主要成分与含量】 含灭活的兔病毒性出血症病毒，灭活前含组织量不低于0.05g/mL。

【性状】 灰褐色均匀混悬液，静置后，瓶底有部分沉淀。

【作用与用途】 用于预防家兔病毒性出血症（即兔瘟）。免疫期为6个月。

【用法与用量】 皮下注射。45日龄以上家兔，每只1.0mL。未断奶家兔也可使用，每只1.0mL，断奶后应再接种一次。

【注意事项】（1）切忌冻结，冻结的疫苗严禁使用。

（2）应先使疫苗恢复至室温。使用时应充分摇匀。

（3）接种时，应做局部消毒处理。

（4）用过的疫苗瓶、器具和未用完的疫苗等应进行无害化处理。

【规格】（1）20mL/瓶。（2）50mL/瓶。（3）100mL/瓶。

【贮藏与有效期】 2～8℃保存，有效期为18个月。

【免疫推荐程序】45～50 日龄家兔首免，以后每间隔 6 个月免疫一次。

·兔出血症病毒杆状病毒载体灭活疫苗（BAC－VP60 株）·

【主要成分与含量】含灭活的 RHDV 重组 VP60 杆状病毒表达的 VP60 蛋白，VP60 蛋白灭活前的血凝效价不低于 1∶256。

【性状】本品为浅黄色均匀混悬液，静置后上层为浅黄色的澄清液体，下层有少量沉淀。

【作用与用途】用于预防家兔病毒性出血症（兔瘟）。免疫期为 7 个月。

【用法与用量】颈部皮下注射。35 日龄及以上家兔，每只 1mL。

【注意事项】（1）本品只用于接种健康家兔。

（2）使用前应使疫苗达到室温；用前充分摇匀。

（3）注射器械及免疫部位必须严格消毒，以免造成感染。

（4）用过的疫苗瓶、器具、未用完的疫苗等应进行无害化处理。

（5）疫苗严禁冻结，应避免高温或日光直射。

【规格】（1）20mL/瓶。（2）30mL/瓶。（3）40mL/瓶。（4）100mL/瓶。（5）250mL/瓶。

【贮藏与有效期】2～8℃保存，有效期为 24 个月。

【免疫推荐程序】35 日龄家兔首免，以后每间隔 7 个月免疫一次。

·兔产气荚膜梭菌病（A 型）灭活疫苗·

【主要成分】本品含灭活的 A 型产气荚膜梭菌苏 84－A 株及其类毒素。

【性状】静置后，上层为淡黄色澄明液体，下层为灰白色沉淀，振摇后呈均匀混悬液。

【作用与用途】用于预防家兔A型产气荚膜梭菌病。免疫保护期6个月。

【用法与用量】皮下注射。家兔不论大小，每只2.0mL。

【注意事项】（1）切忌冻结，冻结过的疫苗严禁使用。

（2）使用前，应将疫苗恢复至室温，并充分摇匀。

（3）接种时，应做局部消毒处理。

（4）用过的疫苗瓶、器具和未用完的疫苗等应进行无害化处理。

【规格】（1）20mL/瓶。（2）40mL/瓶。（3）100mL/瓶。

【贮藏与有效期】2～8℃保存，有效期为12个月。

【免疫推荐程序】45～50日龄家兔首免，以后每间隔6个月免疫一次。

·兔病毒性出血症、多杀性巴氏杆菌病二联灭活疫苗·

【主要成分】本品含灭活的兔病毒性出血症病毒和灭活的荚膜A群多杀性巴氏杆菌C51-17株（CVCC1753）。

【性状】灰褐色均匀混悬液，静置后上层为黄棕色的澄清液体，下层有部分沉淀。

【作用与用途】用于预防兔病毒性出血症及多杀性巴氏杆菌病。免疫保护期6个月。

【用法与用量】皮下注射。2月龄以上家兔，每只1.0mL。

【注意事项】（1）仅用于接种健康家兔，但不能接种怀孕后期的母兔。

（2）注射器械及接种部位必须严格消毒，以免造成感染。

（3）在兽医指导下进行接种。在已发病地区，应按紧急防疫处理。

（4）部分家兔注射后可能出现一过性食欲减退的现象。

（5）用过的疫苗瓶、器具和未用完的疫苗等应进行无害化处理。

【规格】(1) 20mL/瓶。(2) 50mL/瓶。(3) 100mL/瓶。

【贮藏与有效期】2～8℃保存，有效期为12个月。

【免疫推荐程序】60～65日龄家兔首免，以后每间隔6个月免疫一次。

·兔病毒性出血症、多杀性巴氏杆菌病二联灭活疫苗(AV-34株+QTL-1株)·

【主要成分与含量】每毫升疫苗中含灭活的兔病毒性出血症病毒组织不少于0.05g，灭活的兔多杀性巴氏杆菌多于6.2×10^{9}CFU。

【性状】静置后，上层为淡黄色的澄明液体，下层有少量沉淀，振摇后呈灰褐色均匀混悬液。

【作用与用途】用于预防家兔病毒性出血症（兔瘟）及家兔多杀性巴氏杆菌病（A型）。免疫期为6个月。

【用法与用量】皮下注射。45日龄以上家兔，每只1.0mL。

【不良反应】注射本品后可能在注射部位形成直径约0.5cm的硬结，3～4周后会自然消失。

【注意事项】(1) 仅用于接种健康家兔，怀孕家兔不宜注射。

(2) 切忌冻结，冻结的疫苗严禁使用。

(3) 应使疫苗恢复至室温。使用时应充分摇匀。

(4) 注射器械及接种部位必须严格消毒，以免造成感染。

(5) 用过的疫苗瓶、器具和未用完的疫苗等应进行无害化处理。

【规格】(1) 10mL/瓶。(2) 20mL/瓶。(3) 100mL/瓶。(4) 250mL/瓶。

【贮藏与有效期】2～8℃保存，有效期为12个月。

【免疫推荐程序】45日龄以上家兔首免，以后每间隔6个月免疫一次。

·兔病毒性出血症、多杀性巴氏杆菌病二联灭活疫苗（LQ 株+C51-17 株）·

【主要成分与含量】疫苗中含有兔病毒性出血症病毒 LQ 株和多杀性巴氏杆菌 C51-17 株。每头份疫苗含兔病毒性出血症病毒组织 0.05g，灭活后 HA 凝集价不低于 1∶128，A 型多杀性巴氏杆菌菌数 $\geqslant 5\times10^9$ CFU。

【性状】本品静置后，上部为黄棕色澄明液体，下部为灰褐色沉淀，振摇后呈灰褐色均匀混悬液。

【作用与用途】用于预防家兔病毒性出血症和家兔多杀性巴氏杆菌病。免疫期 6 个月。

【用法与用量】皮下注射。4 周龄以上家兔，每只 1.0mL。

【不良反应】部分家兔注射后可能出现一过性食欲减退的现象。

【注意事项】（1）仅用于接种健康家兔，怀孕家兔不宜注射，注射前应了解当地兔病的流行情况，病弱兔、怀孕 20 日龄母兔不宜注射。

（2）注射本疫苗时，针头、注射器均应灭菌，方能使用，每注射一只家兔更换一根针头。

（3）本品应在规定条件下保存，严防冻结。冻结过的疫苗禁用。

（4）注射部位应消毒后，方能注射。

（5）本品在使用前应仔细检查，如发现玻璃破裂、没有瓶签或瓶签不清楚或疫苗已过失效期或未在规定条件下保存者，都不能使用。

（6）用前应充分摇动疫苗并使其升至室温，使用时应不定期摇匀。开瓶后的疫苗应及时用完，未用完的疫苗不得再次使用。

【规格】 （1）10mL/瓶。 （2）20mL/瓶。 （3）100mL/瓶。（4）250mL/瓶。

【贮藏与有效期】2～8℃保存，有效期为12个月。

【免疫推荐程序】30～35日龄家兔首免，6个月后再次免疫。病弱家兔、怀孕20日龄母兔不宜注射。

·兔病毒性出血症、多杀性巴氏杆菌病二联灭活疫苗（CD85－2株+C51－17株）·

【主要成分与含量】含灭活的兔病毒性出血症病毒及灭活的A型巴氏杆菌，灭活前兔病毒性出血症病理组织不少于0.05g/头份，A型多杀性巴氏杆菌菌数不少于5×10^{9}CFU/头份。

【性状】本品静置后，上层为淡黄色澄明液体，下层为灰白色沉淀，振摇后呈灰褐色均匀混悬液。

【作用与用途】用于预防家兔病毒性出血症和家兔A型多杀性巴氏杆菌病。免疫期：家兔病毒性出血症为6个月，家兔A型多杀性巴氏杆菌病为5个月。

【用法与用量】1月龄以上的健康家兔，每只颈背皮下注射1.0mL。

【不良反应】注射本品后可能在注射部位形成直径0.5cm左右的硬节，2～4周会自然消失，不影响其使用效果。

【注意事项】（1）注射前应了解当地兔病的流行情况，病弱兔、怀孕兔不宜注射。

（2）本品应在规定条件下保存，严防冻结。冻结过的疫苗禁用。

（3）使用本疫苗时，针头、注射器均应灭菌，方能使用。

（4）用前应充分摇动疫苗并使其升至室温，使用时充分摇匀。开瓶后的疫苗在当日内用完，未用完的疫苗不得再次使用。

（5）注射本疫苗时，每注射一只家兔更换一个针头。

（6）本品在使用前应仔细检查，如发现玻璃破裂、没有瓶签或瓶签不清楚或苗中混有杂质或已过失效期或未在规定条件下保存者，都不能使用。

【规格】(1) 10mL/瓶。 (2) 20mL/瓶。 (3) 100mL/瓶。(4) 250mL/瓶。

【贮藏与有效期】2~8℃保存，有效期为12个月。

【免疫推荐程序】30~35日龄家兔首免，5个月后免疫兔多杀性巴氏杆菌单苗，6个月后再免疫此苗或病毒性出血症、多杀性巴氏杆菌病、产气荚膜梭菌病（A型）三联灭活疫苗。

·兔病毒性出血症、多杀性巴氏杆菌病二联蜂胶灭活疫苗（YT株+JN株）·

【主要成分与含量】每毫升疫苗中含灭活的兔病毒性出血症病理组织≥0.05g，兔多杀性巴氏杆菌菌数≥2.0×10^{9}CFU。

【性状】本品为灰褐色混悬液，久置底部有沉淀，振摇后呈均匀混悬液。

【作用与用途】用于预防家兔病毒性出血症和家兔A型多杀性巴氏杆菌病。免疫期6个月。

【用法与用量】45日龄以上家兔颈部皮下注射，每只1.0mL。

【不良反应】注射本品后可能在注射部位形成直径0.5cm左右的硬节，2~4周会自然消失，不影响其使用效果。

【注意事项】(1) 运输、贮存、使用过程中，应避免日光照射、高热或冷冻。

(2) 使用本品前应将疫苗温度升至室温，使用前和使用中应充分摇匀。

(3) 使用本苗前应了解兔群健康状况，如感染其他疾病或处于潜伏期会影响疫苗使用效果。

(4) 注射器、针头等用具使用前和使用中需进行消毒处理，注射过程中应注意更换无菌针头。

（5）本苗在疾病潜伏期和发病期慎用，如需使用必须在当地兽医正确指导下使用。

（6）注射完毕，疫苗包装废弃物应无害化处理。

【规格】（1）10mL/瓶。（2）20mL/瓶。（3）100mL/瓶。

【贮藏与有效期】 2～8℃保存，有效期为 12 个月。

【免疫推荐程序】 30～35 日龄家兔首免，6 个月后再免疫此苗或兔病毒性出血症、多杀性巴氏杆菌病、产气荚膜梭菌病（A 型）三联灭活疫苗。

·兔病毒性出血症、多杀性巴氏杆菌病、产气荚膜梭菌病（A 型）三联灭活疫苗（AV33 株＋C51－2 株＋C57－1 株）·

【主要成分与含量】 每毫升疫苗含灭活的兔病毒性出血症病毒组织 0.025g，灭活的兔多杀性巴氏杆菌（C51－2 株）≥2.5×10^9CFU，脱毒 A 型产气荚膜梭菌（C57－1 株）毒素≥40MLD。

【性状】 本品静置后，上层为灰褐色澄明液体，下层有灰褐色沉淀，振荡后呈灰褐色均匀混悬液。

【作用与用途】 用于预防兔病毒性出血症（兔瘟）、兔多杀性巴氏杆菌病和兔产气荚膜梭菌病（A 型）。免疫保护期为 6 个月。

【用法与用量】 皮下注射。45 日龄以上家兔，每只 2.0mL。

【不良反应】 注射本品后可能在注射部位形成直径约 0.5cm 的硬结，3～4 周后会自然消失。

【注意事项】（1）仅用于接种 45 日龄以上健康家兔。

（2）使用前应将疫苗恢复至常温，并振荡均匀。

（3）接种疫苗时，应执行常规的无菌操作，及时更换针头。

（4）疫苗瓶开启后，限当日用完。

（5）本品严禁冻结，避免阳光直射与高温。

（6）使用前应仔细检查，如发现破瓶、无标签、或标签不清楚、疫苗中混有杂质等，均不能使用。

【规格】（1）10mL/瓶。（2）20mL/瓶。（3）100mL/瓶。

【贮藏与有效期】2～8℃保存，有效期为12个月。

【免疫推荐程序】45～50日龄健康家兔首免，以后每间隔6个月免疫一次。

·兔病毒性出血症、多杀性巴氏杆菌病、产气荚膜梭菌病（A型）三联灭活疫苗（SD-1株+QLT-1株+LTS-1株）·

【主要成分与含量】每头份疫苗含灭活的兔病毒性出血症病毒SD-1株含毒组织不少于0.05g，灭活的兔多杀性巴氏杆菌QLT-1株菌数大于6.2×10^{9}CFU，兔产气荚膜梭菌LTS-1株（A型）脱毒毒素大于80个小鼠致死量。

【性状】本品为灰褐色均匀混悬液，静置后上层为淡黄色的澄明液体，下层有部分沉淀。

【作用与用途】用于预防兔病毒性出血症（兔瘟）、兔多杀性巴氏杆菌病和兔产气荚膜梭菌病（A型）。免疫保护期为6个月。

【用法与用量】皮下注射。45日龄以上兔，每只2.0mL。

【不良反应】部分兔注射后可能出现过一过性食欲减退的现象，疫苗注射后，注射部位有蚕豆大小硬结，数月后会自然吸收。

【注意事项】（1）仅用于接种健康兔，怀孕家兔不宜注射。

（2）切忌冻结，冻结的疫苗严禁使用。

（3）应使疫苗恢复至室温。使用时应充分摇匀。

（4）注射器械及接种部位必须严格消毒，以免造成感染。

（5）用过的疫苗瓶、器具和未用完的疫苗等应进行无害化处理。

【规格】（1）10mL/瓶。（2）20mL/瓶。（3）100mL/瓶。

（4）250mL/瓶。

【贮藏与有效期】2～8℃保存，有效期为12个月。

【免疫推荐程序】45～50日龄健康家兔首免，以后每间隔6个月免疫一次。

·兔病毒性出血症、多杀性巴氏杆菌病、产气荚膜梭菌病（A型）三联灭活疫苗（皖阜株+C51－17株+苏84－A株）·

【主要成分与含量】每头份疫苗灭活前含有兔病毒性出血症病毒皖阜株病毒组织0.05g、多杀性巴氏杆菌C51－17株活菌数>50亿以及产气荚膜梭菌（A型）苏84－A株毒素≥40个小鼠致死量。

【性状】本品为灰褐色均匀混悬液，静置后上层为棕色的澄明液体，下层有少量沉淀。

【作用与用途】用于预防兔病毒性出血症（兔瘟）、兔多杀性巴氏杆菌病和兔产气荚膜梭菌病（A型）。免疫保护期为6个月。

【用法与用量】皮下注射。2月龄以上兔，每只2.0mL。

【不良反应】部分兔注射后可能出现过一过性食欲减退的现象，疫苗注射后，注射部位有蚕豆大小硬结，数月后会自然吸收。

【注意事项】（1）仅用于接种健康兔，但不能接种怀孕后期母兔。

（2）本品不得冻结。

（3）注射器械及接种部位必须严格消毒，以免造成感染。

（4）在兽医指导下进行接种。在已发病地区，应按紧急防疫处理。

【规格】（1）20mL/瓶。（2）40mL/瓶。（3）100mL/瓶。（4）250mL/瓶。

【贮藏与有效期】2～8℃保存，有效期为12个月。

【免疫推荐程序】60～65日龄健康兔首免，以后每间隔6个月免疫一次。

·家兔多杀性巴氏杆菌病和支气管败血波氏杆菌感染二联灭活疫苗·

【主要成分】疫苗中含有灭活的兔荚膜A群多杀性巴氏杆菌和兔Ⅰ相支气管败血波氏杆菌。

【性状】乳白色均匀乳剂。

【作用与用途】用于预防家兔多杀性巴氏杆菌病和家兔支气管败血波氏菌感染。免疫保护期为6个月。

【用法与用量】颈部肌内注射。用12～16号注射针头，成年家兔，每只1.0mL。初次使用本品的兔场，首免后14d，用相同剂量再注射一次。

【注意事项】（1）避免阳光直射与高温。

（2）注射前应将疫苗振荡均匀。

（3）注射器材与注射部位必须彻底消毒。

（4）注射时，每只兔换1个针头，防止疫病通过针头传播。

【规格】（1）20mL/瓶。（2）40mL/瓶。

【贮藏与有效期】2～8℃保存，有效期为12个月。

【免疫推荐程序】初次使用本品的兔场，成年家兔首免后14d，用相同剂量再注射一次，以后每间隔6个月免疫一次。

常见疾病临床用药

家兔常见传染病主要有兔病毒性出血症（兔瘟）、兔传染性口炎、轮状病毒病、黏液瘤病、兔痘等病毒性传染病和兔多杀性巴氏杆菌病、支气管败血波氏杆菌病、魏氏梭菌病、沙门氏菌病、葡萄球菌病、大肠杆菌病、结核病、破伤风、流行性腹胀病、绿脓杆菌病、克雷伯氏菌病、泰泽氏病、土拉伦斯病（野兔热）、支原体病、李氏杆菌病、坏死杆菌病、密螺旋体病（兔梅毒病）、附红细胞体病等细菌性传染病；常见寄生虫病主要有家兔球虫病、家兔螨病、家兔栓尾线虫病以及家兔豆状囊尾蚴病等。家兔病毒性传染病原则上不得治疗，只能靠疫苗免疫预防或者扑杀患病家兔（如兔瘟）；兔传染性口炎可以用消毒液消毒口腔，做一些对症治疗。细菌性传染病、寄生虫病和其他疾病可以使用兽药给予治疗，但必须合理用药，并严格遵守休药期制度。

第一节　病毒性传染病

·兔病毒性出血症·

兔病毒性出血症是由兔出血症病毒引起的发病急、传染性强、死亡率高为特征的家兔烈性传染病，俗称“兔瘟”。该病毒主要危害 40

日龄以上家兔，30 日龄以下家兔不发病。传染源是病死家兔和带毒家兔的排泄物、分泌物以及病死家兔的内脏器官、血液、兔毛等。本病一年四季均可发生。患病家兔无明显症状死亡或精神委顿、食欲减退，很快死亡，肛周有少量淡黄色黏液附着，部分病死家兔鼻孔流出泡沫状血液。病死家兔剖检可见胸腺水肿及出血，肺瘀血、出血、水肿，肝脏肿大、局部或全部呈土黄色，脾脏肿大、呈黑紫色。

【预防】免疫接种是预防该病的主要措施，目前我国对该病主要免疫方法为：幼龄家兔 35～40 日龄时注射兔出血症病毒杆状病毒载体灭活疫苗（BAC－VP60 株）1mL、或兔病毒性出血症灭活疫苗、或兔病毒性出血症、多杀性巴氏杆菌病二联灭活疫苗 2mL；60～65 日龄时进行第二次免疫注射，每只皮下注射 1 mL；此后每 6 个月免疫一次。成年家兔每只皮下注射 2mL，一年 2 次。紧急接种，用 4～5 倍量兔出血症病毒杆状病毒载体灭活疫苗（BAC－VP60 株）或兔病毒性出血症灭活疫苗进行注射。

·兔黏液瘤病·

兔黏液瘤病是由黏液瘤病毒引起兔以全身皮下尤其是颜面部和天然孔周围皮下发生黏液性肿胀为特征的传染病。本病仅感染兔，各种年龄的兔均易感。家兔和欧洲野兔最易感，死亡率可达 95％以上。国内尚未见该病发生的报道。此病是一种自然疫源性疾病，可以通过直接接触患病家兔以及排泄物、被污染的饲料、饮水和用具或通过吸血节肢动物间接传染，传播方式为水平传播。一年四季均可发生，但在蚊虫大量滋生季节多发。表现发展迅速的结膜炎，并伴有奶油样的分泌物。急性者在出现症状 4d 内死亡。患病家兔形成肿瘤结节，结膜潮红、肿胀，有浆液性、黏液性或脓性分泌物流出，头部肿胀似“狮子头”样外观。

【预防】目前，我国尚未有该病发生，因此需要对引进种家兔进行严格检疫，对进口家兔应隔离检疫1个月。一旦发生该病，应坚决采取扑杀、消毒、烧毁等措施。国外有通过定期接种黏液瘤病活疫苗的方式预防本病的发生。

·兔轮状病毒病·

兔轮状病毒病是由轮状病毒引起仔、幼龄家兔以严重腹泻为特征的一种急性肠道传染病。该病毒能感染多种动物，对于家兔，主要发生于2～6周龄仔、幼龄家兔，尤以4～6周龄仔兔发病率和死亡率最高，成年家兔常呈隐性感染而带毒。自然感染主要是经消化道传染，传播方式为水平传播。新发生本病的家兔群常呈突然暴发，迅速传播。当气候剧变、饲养管理不当、幼龄家兔群抵抗力降低时易发。发病家兔常严重腹泻，粪便呈蛋花样，常混有黏液或血液，患病家兔的会阴或后肢的被毛被粪便污染；迅速脱水、消瘦，多于下痢后2～4d死亡。病理变化主要局限于小肠和结肠，表现为明显的扩张，肠黏膜有大小不等的出血斑，结肠瘀血。

【预防】本病尚无批准使用的疫苗。主要预防措施是加强断奶前后仔兔的饲养管理，建立严格的兽医卫生制度，做好平时的消毒工作。发生本病时立即隔离，全面消毒，病死家兔及排泄物、污染物一律深埋或烧毁。

·兔传染性口炎·

兔传染性口炎是由水疱性口炎病毒引起兔口腔黏膜发生水疱和伴有大量流涎为特征的一种急性传染病，故又称“流涎病”。本病主要危害3月龄以内的幼龄家兔，最常见断乳后1～2周龄的幼龄家兔发生，成年家兔发生较少。传染源是患病家兔和带毒家兔，通过口腔分泌物或坏死黏膜向外排出病毒。双翅目昆虫是主要虫媒，自然感染主要经消化道传染。患病家兔嘴唇、舌和口腔其他部位黏膜上出现粟粒大至扁豆大的水疱和许多白色或灰白色的小脓疱，继发感染会引起唇、舌和口腔其他部位黏膜坏死，并伴有恶臭。肠黏膜尤其是小肠黏膜有卡他性炎症。

【预防】本病尚无批准使用的疫苗，主要预防措施是加强饲养管理，做好卫生工作。

【治疗】对患病家兔可以用消毒防腐药液（2%硼酸溶液、2%明矾溶液、0.1%高锰酸钾溶液、1%盐水等）冲洗口腔，然后涂擦碘甘油，做一些对症治疗，并用抗菌药物控制继发感染。

·兔　　痘·

兔痘是由兔痘病毒引起的以皮肤出现红斑与丘疹、淋巴结肿大、眼炎为特征的一种急性、热性、高度接触性传染病。各种年龄的家兔均易感，以1～3月龄幼龄家兔和怀孕家兔死亡率较高。患病家兔是传染源，主要通过消化道和呼吸道传染，皮肤和黏膜的伤口直接接触也是重要的传播途径，被污染的饲料、饮水可传播本病。散发或呈地方性流行。皮肤发生痘疹、丘疹，最后结节干燥，形成浅表痂皮；眼睑炎、眼炎或弥漫性、溃疡性角膜炎。剖检最显著的变化是皮肤损害，其程度从仅有少数局部丘疹到广泛坏死和出血，丘疹见于身体任何部位。

【预防】国内尚未见该病发生的报道。引种时需要严格做好隔离检疫，避免带入病原。目前国内外尚无相关疫苗上市。

第二节　细菌性传染病

·兔巴氏杆菌病·

兔巴氏杆菌病又称兔出血性败血症，是由多杀性巴氏杆菌引起兔的一种急性、亚急性、慢性传染病。感染该病后常引起大批家兔发病和死亡。各种年龄、品种的家兔均易感，尤以2～6月龄家兔发病率和死亡率较高。呼吸道和消化道是主要的传播途径，常呈散发或地方性流行。急性型发病最急，患病家兔呈全身出血性败血症症状，往往生前未及发现任何异状就突然死亡。亚急性型主要表现为胸膜肺炎症状。慢性型的症状依细菌侵入的部位不同可表现为鼻炎、中耳炎、结膜炎、生殖器官炎症和局部皮下脓肿。

【预防】本病可使用兔多杀性巴氏杆菌病灭活疫苗或兔病毒性出血症、多杀性巴氏杆菌病二联灭活疫苗或兔病毒性出血症、多杀性巴氏杆菌病、产气荚膜梭菌病（A型）三联灭活疫苗定期免疫接种预防。该病预防一般一年2～3次，病情严重的兔场可以加强免疫，每次注射2倍剂量兔多杀性巴氏杆菌病灭活疫苗。养殖场（户）可根据该病的发病情况，选用合适的疫苗，并严格按照产品说明书使用。

【治疗】可选用恩诺沙星注射液、注射用硫酸链霉素或硫酸庆大霉素注射液肌内注射给药，或选用磺胺噻唑片内服给药。其用法用量以及注意事项详见本书第二章或参照产品说明书。对局部脓肿，切开成熟的脓肿排脓，用0.1%新洁尔灭（苯扎溴铵）冲洗，再撒布消炎粉，或冲洗后以0.1%利凡诺（乳酸依沙吖啶）灭菌纱布引流。

·兔产气荚膜梭菌病·

兔产气荚膜梭菌病又称魏氏梭菌病，主要是由A型产气荚膜梭菌及其毒素引起家兔急性腹泻的传染病。不同品种和性别的家兔均可感染，长毛兔易感性高于皮用、肉用兔。以1～3月龄家兔发病率最高（哺乳仔兔除外）。主要以消化道和伤口传染。多呈地方性流行或散发，一年四季均可发生，以冬春季节发病较多，发病率可达90%，病死率几乎达100%。病兔排黑褐色水样粪便，并有腥臭气味。胃底黏膜部分脱落，常见出血和溃疡。肠出血，内容物稀薄呈黑色或褐色水样，有腐败气味。膀胱积有茶色尿液。心外膜血管怒张，呈树枝状。

【预防】使用兔产气荚膜梭菌病（A型）灭活疫苗，或兔病毒性出血症、多杀性巴氏杆菌病、产气荚膜梭菌病（A型）三联灭活疫苗，使用方法及剂量参照产品说明书。

【治疗】发病初期可用抗血清皮下、肌内或耳静脉注射治疗，每千克体重2～3mL。尚未表现临床症状的家兔，宜选甲砜霉素内服给药或混于饲料内服给药，或恩诺沙星注射液肌内注射给药。其用法用量以及注意事项详见本书第二章或参照产品说明书。随即应进行疫苗注射。

·兔沙门氏菌病·

沙门氏菌病是由鼠伤寒沙门氏菌和肠炎沙门氏菌感染家兔引起的一种消化道传染病。主要侵害怀孕母兔，仔兔也可通过子宫和脐带感染。主要经消化道感染，或为内源性感染。流产多发生于母兔妊娠15～20d。发病不分季节，不同品种的家兔均会发病。患病家兔腹泻并排出有泡沫的黏液性粪便。母兔流产，从阴道排出黏液或脓性分泌物，部分死亡。流产家兔子宫肿大、浆膜和黏膜充血，并有化脓性子宫炎；未流产的患病家兔阴道黏膜充血，腔内有脓性分泌物。肝脏有弥漫性或散在性淡黄色、芝麻粒大的坏死灶，胆囊肿大，肝脾肿大、呈暗红色。肾脏有散在针头大的出血点。消化道黏膜水肿。发病仔兔脾脏肿大3～4倍。

【预防】本病目前没有批准使用的疫苗。可用脆弱拟杆菌、粪链球菌和蜡样芽孢杆菌复合菌制剂等微生态制剂拌入饲料饲喂家兔，调节肠道菌群，提高机体免疫力，其用法用量详见本书第二章微生态制剂部分或参照产品说明书。

【治疗】患病家兔宜选用硫酸卡那霉素注射液、硫酸庆大霉素注射液和恩诺沙星注射液肌内注射给药。其用法用量以及注意事项详见本书第二章或参照产品说明书。

·葡萄球菌病·

兔葡萄球菌病是由金黄色葡萄球菌引起兔的一种以致死性脓毒败血症和各器官组织化脓炎症为特征的常见传染病。不同年龄的家兔均易发病。该病的发生和流行无明显的季节性，多为散发。患病家兔常出现脓肿，单独发生或多发。初生仔兔经脐带感染时，可发生脓毒血症，皮肤呈现多个红点、点状脓灶，皮肤溃疡。哺乳母兔感染可引起乳房炎，仔兔可因吮吸含有金黄色葡萄球菌的乳汁而引起仔兔肠炎。解剖可见患病家兔肺和心脏有许多小脓疱，小肠黏膜充血、出血，肠内有稀薄的内容物，膀胱极度扩张、充满黄色尿液。

【预防】本病目前没有可用疫苗用于预防，主要是加强兔舍清洁卫生以及环境消毒。

【治疗】对于全身性感染，宜选用注射用阿莫西林钠、注射用氨苄西林钠肌内注射给药。其用法用量以及注意事项详见本书第二章或参照产品说明书。对于局部脓肿、脚皮炎和外生殖器炎，先以外科手术排脓和清除坏死组织，使用结晶紫石炭酸溶液（3%）或甲紫酒精溶液（5%）对患病家兔的患处进行涂擦，并注射阿莫西林或氨苄西林。

·大肠杆菌病·

兔大肠杆菌病是由致病性大肠杆菌及其毒素引起的幼龄家兔肠道传染病。多发于20日龄后及断奶前后的仔兔、幼龄家兔。一年四季均可发生。潮湿、饲养管理不善和气候环境急剧变化等应激以及机体抵抗力降低时可导致疾病发生。患病家兔未见任何临床症状突然死亡，或表现精神沉郁、腹泻、腹胀、粪便细小成串、外包透明胶冻样黏液，水样腹泻，迅速消瘦死亡。患病家兔胃膨大、充满液体和气体，胃黏膜充血、出血。十二指肠、回肠、盲肠黏膜充血、出血，充满半透明胶冻样液体并伴有气泡，呈红褐色水粥样或灰褐色黏液状。结肠扩张，有透明胶样黏液。肺水肿并有出血斑，脾肿大，肠系膜淋巴结水肿，肾脏有点状出血。

【预防】本病目前没有批准使用的疫苗，可用脆弱拟杆菌、粪链球菌和蜡样芽孢杆菌复合菌制剂等微生态制剂拌入饲料饲喂家兔，调节肠道菌群，提高机体免疫力，其用法用量详见本书第二章第十节微生态制剂部分或参照产品说明书。

【治疗】本病呈急性经过时往往来不及救治。对病程稍缓者，可根据药敏试验使用抗生素，可选用注射用阿莫西林钠、硫酸卡那霉素注射液、硫酸庆大霉素注射液或恩诺沙星注射液肌内注射给药。其用法用量以及注意事项详见本书第二章或参照产品说明书。

·支气管败血波氏杆菌病·

兔波氏杆菌病是由支气管败血波氏杆菌引起的一种以鼻炎和肺炎为特征的家兔常见呼吸道传染病。各品种、年龄的家兔均易感。幼龄家兔发病率和死亡率均较高。本病主要通过呼吸道传播，冬、春季节多发。可分为鼻炎型、支气管肺炎型和败血型。鼻炎型多数病例鼻腔流出浆液性或黏液脓性分泌物。支气管肺炎型多呈散发，有时鼻腔流出白色黏液脓性分泌物，后期呼吸困难，肺部发炎、出血，可见有大小数量不等的脓疱。败血型很快死亡。

【预防】本病可用兔多杀性巴氏杆菌病和支气管败血波氏杆菌感染二联灭活疫苗免疫，一年2～3次。病情严重的兔场可以加强免疫，每次注射2倍剂量。

【治疗】宜选用硫酸庆大霉素注射液、硫酸卡那霉素注射液和恩诺沙星注射液进行肌内注射给药，或选用磺胺类药物内服给药。其用法用量以及注意事项详见本书第二章或参照产品说明书。

·破 伤 风·

破伤风是破伤风梭菌经深部伤口感染引起的急性、中毒性传染病。各种家兔均可感染发病，母兔发病较多。无明显季节性，主要通过伤口感染。患病家兔食欲减少甚至废绝，有角弓反张症状，全身肌肉紧张，腰背弓起，耳朵竖立，站立不稳，全身僵硬，倒下后不能站立。

【预防】注射破伤风类毒素。

【治疗】一般患病家兔直接淘汰，对于名贵品种家兔可以采用如下治疗方案：

（1）对于深部创伤扩创，然后用5%～10%碘酊和2%～3%双氧水或1%高锰酸钾消毒，撒碘仿硼酸合剂，阿莫西林分点注射。

（2）分点注射破伤风抗血清20万IU。

（3）当家兔兴奋不安和强直性痉挛时早晚各注射一次氯丙嗪等镇静药物。

·结 核 病·

结核病是家兔不常见的疾病，是以肺脏、消化道、肾脏、肝脏、脾脏与淋巴结的肉芽肿性炎症以及机体慢性消瘦为特征的一种慢性传染病。各种年龄的家兔均可发病，近亲繁殖的家兔更易感。与患病人或动物接触是家兔患病的主要原因，可通过呼吸道和消化道传播。全身性结核病的病例主要表现为厌食和进行性消瘦、咳嗽、气喘、体温升高、黏膜苍白、腹泻等全身性反应。内脏器官可见淡褐至灰色的坚实结节。结节大小不一，通常存在于肺脏、胸膜、心包、支气管淋巴结、肠系膜淋巴结、肾脏和肝脏，少见于脾脏。

【预防】本病目前没有批准使用的疫苗，主要是加强饲养，保持兔舍清洁卫生，做好环境消毒。

【治疗】对患本病的个别家兔一般立即淘汰，个别珍贵品种家兔的治疗可使用注射用硫酸链霉素或注射用硫酸双氢链霉素肌内注射给药。其用法用量以及注意事项详见本书第二章或参照产品说明书。

·坏死杆菌病·

兔坏死杆菌病是由坏死杆菌引起兔的散发性传染病，以皮肤、皮下组织（尤其是面部、头部与颈部）、口腔黏膜的坏死、溃疡和脓肿为特征。各种年龄的家兔均可发病，幼龄家兔较成年家兔易感性高。坏死杆菌病一年四季均可发生，以多雨潮湿、炎热季节多发。病理变化主要以感染部位的皮肤和皮下组织坏死、溃疡以及脓肿为特征。患病家兔的唇和颌下部、口腔黏膜、颈部及四肢关节等处的皮肤和皮下组织发生坏死性炎症，形成脓肿、溃疡，并散发出恶臭气味。流涎、减食或拒食，体温升高，消瘦，有个别病例出现神经症状。

【预防】本病目前没有批准使用的疫苗，主要是加强饲养，保持兔舍清洁卫生，做好环境消毒，不饲喂发霉变质的饲草。

【治疗】

（1）*局部治疗*　彻底清除坏死灶，口腔用0.1%～1%高锰酸钾或3%双氧水冲洗溃疡面后，涂擦碘甘油青霉素软膏。皮肤肿胀部位涂鱼石脂软膏；如果有脓肿，则切开排脓后，用双氧水冲洗后涂抹碘甘油或红霉素软膏。溃疡面或脓肿冲洗后也可用中药粉剂涂抹。

（2）*全身治疗*　可选用磺胺二甲嘧啶钠注射液或复方磺胺对甲氧嘧啶钠注射液肌内注射给药。其用法用量以及注意事项详见本书第二章或参照产品说明书。

·绿脓杆菌病·

兔绿脓杆菌病是由绿脓假单胞杆菌引起兔的以出血性肠炎或肺炎

为主要特征的散发性传染病。各年龄及不同品种的兔均易感，一年四季均可发病。患病期间动物粪便、尿液、分泌物污染饲料、饮水和用具成为该病的传染源。患病家兔排褐色带血样稀便，常有创伤性化脓性炎症。皮下脓肿，有黄绿色或深绿色渗出物，腹腔内有黄绿色积液，肠腔内充满血样液体。肝肿大，有黄绿色脓疱，脾肿大、呈樱桃红色。肺脏实变并形成脓肿、出血，脓疱破溃后流出绿色脓液。

【预防】本病目前没有批准使用的疫苗，主要是加强饲养，保持兔舍清洁卫生，做好环境消毒，不饲喂发霉变质的饲草。

【治疗】宜选磺胺对甲氧嘧啶肌内注射或磺胺嘧啶片拌料内服给药。其用法用量以及注意事项详见本书第二章或参照产品说明书。或对症选用中兽药拌料或灌服。

·克雷伯氏菌病·

兔克雷伯氏菌病是由克雷伯氏菌引起的以成年家兔肺炎、幼龄家兔腹泻为特征的传染病。不同年龄及不同品种的家兔均易感，但长毛兔的感染率更高。该菌常存在于人、畜的消化道、呼吸道以及土壤、水和饲料中，当兔机体免疫力下降、感冒和气候突然变化时，常引起呼吸道、消化道、泌尿道感染，呈散发。病理变化是肺充血、出血，表面散在少量粟粒大的深红色病变，肺肝变时呈大理石状，质地硬，切面干燥、呈紫红色。肝脾瘀血、肿大，肾脏呈土黄色。肠道黏膜出血，肠腔内有大量黏稠物和气体，肠系膜淋巴结肿大。幼龄家兔腹泻，粪便呈褐色糊状或水样。

【预防】本病目前没有批准使用的疫苗，主要是加强饲养，保持兔舍清洁卫生，做好环境消毒，不饲喂发霉变质的饲草。

【治疗】宜选硫酸庆大霉素注射液、注射用硫酸链霉素或注射用硫酸卡那霉素肌内注射给药。其用法用量以及注意事项详见本书第二章或参照产品说明书。同时可辅以注射葡萄糖盐水 10～50mL 和维生素 C 1mL，连用 3d。

·支原体病·

兔支原体病又称兔霉形体病，是由支原体（霉形体）引起的一种家兔慢性、呼吸道传染病，以呼吸道和关节的炎症反应为主要特征。各年龄、各品种的家兔均有易感性，以幼龄家兔发病率最高。一年四季均可发生，以早春和秋、冬寒冷季节多见。患病家兔流黏液性或浆液性鼻液，打喷嚏，咳嗽，呼吸促迫。肺心叶、尖叶、中间叶和膈叶前缘水肿、气肿和肝变等，支气管内有带泡沫的黏液。

【预防】本病目前没有批准使用的疫苗，主要是加强饲养，保持兔舍清洁卫生，做好环境消毒，不饲喂发霉变质的饲草。

【治疗】宜选用注射用恩诺沙星注射液或硫酸卡那霉素肌内注射给药。其用法用量以及注意事项详见本书第二章或参照产品说明书。

·泰泽氏病·

兔泰泽氏病是由毛样芽孢杆菌引起兔的一种急性传染病。6～12周龄家兔最易感，断奶前的仔兔和成年家兔也可感染发病。病原经消化道传染，应激及饲养管理不当等往往是本病的诱因。当机体抵抗力下降时发病，秋末至春初多发。患病家兔严重下痢，在肛门周围和尾巴上有不同程度的粪便污染。粪便呈褐色或暗黑色水样或黏液样。盲肠壁增厚、水肿，黏膜水肿，可见到紫红色溃疡；盲肠内有水样或糊状的棕色或褐色内容物，并充满气体；蚓突有粟粒大至高粱粒大黑红色坏死灶；回肠、结肠肠腔内有多量透明状的胶样物。心肌有灰白色或淡黄色条纹状坏死。肝脏肿大，有大量针帽大小、灰白色或灰黄色的坏死灶，脾脏萎缩。

【预防】本病目前没有批准使用的疫苗。预防措施主要应加强饲养管理，减少应激因素，严格兽医卫生制度。一旦发病及时隔离治疗患病家兔，无治疗价值者坚决淘汰。同时，全面消毒兔舍，病死家兔、排泄物应及时烧毁或深埋。

【治疗】病初应用抗生素具有一定的疗效。宜选用注射用硫酸链霉素或注射用硫酸双氢链霉素肌内注射给药，或选用注射用盐酸四环素静脉注射给药，其用法用量以及注意事项详见本书第二章或参照产品说明书。

·土拉伦斯病·

土拉伦斯病又称“野兔热”，是由土拉伦斯杆菌引起兔的一种急性传染病。家兔不分品种、大小均可感染。细菌通过排泄物、污染的饲料和饮水、用具以及节肢动物，如蜱、蝇、蚊等进行传播。本病一年四季均可流行，大流行见于洪水或其他自然灾害后。本病是以体温升高，脾和淋巴结肿大、粟粒状干酪样坏死为特征的传染病。急性死亡的患病家兔血凝不良，淋巴结肿大、出血、坏死，表面呈紫黑色；腹腔大量积液，胃肠出血。慢性型的患病家兔，淋巴结显著肿大、呈深红色，并有干酪样坏死；脾、肝、肾也可能肿大和出现灰白色的坏死点。病死家兔尸体极度消瘦，肌肉呈煮熟状，肾苍白、表面凹凸不平。

【预防】本病目前没有批准使用的疫苗。预防措施主要应加强饲养管理，做好养殖场区灭鼠、杀虫或驱除体外寄生虫，经常消毒兔舍及用具。引进动物应进行隔离观察和检疫。一旦发病及时隔离治疗患病家兔，无治疗价值者坚决淘汰。同时，全面消毒兔舍，病死家兔、排泄物应及时烧毁或深埋。

【治疗】病初应用抗生素具有一定的疗效。宜选用注射用盐酸四环素静脉注射给药，或选用注射用硫酸链霉素、注射用硫酸双氢链霉素或硫酸卡那霉素注射液肌内注射给药，其用法用量以及注意事项详见本书第二章或参照产品说明书。

·李氏杆菌病·

李氏杆菌病是由李氏杆菌引起兔的一种传染病。本病是一种人畜共患传染病，不分年龄、品种的兔都可感染，但幼龄家兔易感性高，且多为急性。经消化道、呼吸道、眼结膜及皮肤损伤等途径感染，也有的在交配时感染。多为散发，有时呈地方性流行，发病率低，但致死率很高。该病的潜伏期一般2～8d或稍长。一年四季都可发生，以冬春季节多见。该病急性型多见于幼龄家兔，突然发病，患病家兔体温可达40℃以上，鼻黏膜发炎，流出浆液性、黏液性、脓性分泌物，口吐白沫，背颈、四肢抽搐，低声嘶叫，几个小时或1～2d内死亡。亚急性型患病家兔，中枢神经机能障碍，做转圈运动，头颈偏向一侧，全身震颤，运动失调。孕兔流产，胎儿皮肤出血。一般经4～7d死亡。慢性型患病家兔主要表现为子宫炎，分娩前2～3d发病，拒食，流产，并从阴道内流出暗紫色的污秽液体，有的出现头颈歪斜等神经症状，流产康复后的母兔长期不孕。

急性型或亚急性型的患病家兔心包、腹腔有多量透明的液体，肝、脾有散在或弥漫性针头大坏死点。淋巴结尤其是肠系膜淋巴结肿大或水肿。

慢性型肝有粟粒大坏死点，心包腔、胸腔和腹腔有渗出液，心外膜有条状出血斑，脾肿大、质脆、出血。怀孕母兔子宫内可见多量脓性渗出物，子宫内胎儿变性。子宫壁变厚而脆、易破碎，内膜充血，有粟粒大坏死灶或有灰白色凝乳块状物。

【预防】本病目前没有批准使用的疫苗。预防措施主要是加强饲养管理，搞好环境卫生，粪、尿最好发酵处理，做好灭鼠和杀虫，做好饲料、饲草、水源管理，防止饲草发霉变质或被污染。引进种兔应进行隔离观察和检疫。一旦发病及时隔离治疗患病家兔，无治疗价值者坚决淘汰。同时，全面消毒兔舍，病死家兔、排泄物应及时烧毁或深埋。

【治疗】病初应用抗生素具有一定的疗效。宜选磺胺间甲氧嘧啶钠注射液、复方磺胺对甲氧嘧啶钠注射液、注射用硫酸卡那霉素或硫酸庆大霉素注射液肌内注射给药，其用法用量以及注意事项详见本书第二章或参照产品说明书。

·兔密螺旋体病·

兔密螺旋体病又称“兔梅毒病”，是由兔密螺旋体引起的一种家兔的慢性生殖器官传染病。家兔在配种时经生殖道传染，因此发病的绝大部分都是成年家兔，且育龄母兔比公兔易感，极少见于幼龄家兔。主要在配种时经生殖道传染，此外病原随着黏膜和溃疡的分泌液排出体外，污染垫草、饲料、用具等，如有局部损伤可增加感染机会。公兔的龟头、包皮和阴囊，母兔的阴唇、阴道黏膜，及肛门周围的黏膜发红、肿胀，流出黏液性和脓性分泌物，伴有粟粒大小结节或水疱，公兔阴囊水肿、皮肤呈糠麸状。

【预防】本病目前没有批准使用的疫苗。预防措施主要是引种时应隔离观察至少 1 个月，并定期检查外生殖器官，确诊无病者才可入群。种兔配种时应认真进行临床检查和血清学检验，健康者方可配种。患病家兔和可疑种兔要停止配种，隔离饲养，进行治疗，重者应及时淘汰。定期消毒兔舍与用具。

【治疗】病初应用抗生素具有一定的疗效。宜选用氨苄西林钠注射液、注射用阿莫西林钠或注射用盐酸四环素肌内注射给药，其用法用量以及注意事项详见本书第二章或参照产品说明书。患部用硼酸水或高锰酸钾溶液或肥皂水洗涤后，再涂擦青霉素软膏或碘甘油，每天 1 次，20d 可痊愈。

·附 红 体 病·

附红体病是由附红细胞体引起兔的一种传染病。不分品种、年龄的家兔均可感染。本病一年四季均可发生，但以吸血昆虫大量繁殖的夏、秋季节多见。病死家兔血液稀薄，黏膜苍白，结膜黄染，腹腔积液，脾脏肿大，胆囊胀满。

【预防】本病目前没有批准使用的疫苗。预防措施主要是加强饲养管理，搞好环境卫生与消毒，使吸血昆虫无滋生之地。引进种兔应进行隔离观察和检疫。

【治疗】宜选用注射用盐酸四环素肌内注射给药，其用法用量以及注意事项详见本书第二章或参照产品说明书。

第三节　皮肤真菌病

·皮肤真菌病·

皮肤真菌病常见的病原体是须发癣菌及小孢子菌等。各年龄的家兔均可发病，以仔兔、幼龄家兔和哺乳母兔发病率高。本病一年四季均可发生，以春季和秋季换毛季节易发。自然感染可通过污染的土壤、饲料、饮水、用具、脱落的被毛、饲养人员等间接传染以及交配、吮乳等直接接触而传染。患病的仔兔和幼龄家兔全身皮肤、特别是头面部皮肤有不规则的小块或圆形脱毛、断毛和皮肤炎症。患部皮肤表面有麸皮样外观（痂下炎症），病变部位发炎、有痂皮，形成皮屑，脱毛。哺乳母兔乳房周围发生炎症，病变周围有粟粒状突起，当刮掉硬痂时，露出红色肉芽或出血。

【预防】本病目前没有批准使用的疫苗。预防措施主要是加强饲养管理，搞好环境卫生，定期用2%碳酸钠溶液消毒兔舍与用具。引进种兔应进行隔离观察和检疫。发现患病家兔立即隔离、治疗或淘汰。加强饲养管理，不饲喂发霉变质饲草，在日粮中添加富含维生素A的胡萝卜和青绿饲草等。

【治疗】先于患部剪毛，用3%来苏儿与碘酊等量混合每日于患部涂擦2次，连用3～4d；也可选用度米芬、醋酸氯己定等进行涂擦消毒。其用法用量以及注意事项详见本书第二章或参照产品说明书。

第四节　寄生虫病

·兔球虫病·

兔球虫病是由兔艾美耳球虫引起的一种寄生虫病。各品种的家兔均易感，断奶后至3月龄的兔最易感。本病一年四季均可发生，在南方高温、高湿季节常呈现发病高峰；在北方以夏、秋季较多发，均呈地方性流行。肝球虫病，临床上表现消瘦，剖检可见肝表面有黄白色硬结节，或肝表面可见大量水疱样病灶。急性肠球虫病，发病急、死亡快，病理变化不明显。慢性肠球虫病，主要表现为腹泻，在肠壁上可见许多针帽大的黄白色结节。

【预防】可选用地克珠利预混剂、氯羟吡啶预混剂、盐酸氯苯胍预混剂混饲给药，其用法用量以及注意事项详见本书第二章或参照产品说明书。注意轮换用药。

【治疗】对于患病家兔群，宜选用磺胺氯吡嗪钠可溶性粉、地克珠利预混剂或盐酸氯苯胍片混饲或内服给药，其用法用量以及注意事项详见本书第二章或参照产品说明书。

·兔栓尾线虫病·

兔栓尾线虫病又称兔蛲虫病，是由兔栓尾线虫寄生于兔的盲肠和结肠引起的一种消化道线虫病。各品种、年龄的兔均可感染，但是幼龄兔比成年家兔感染率和感染强度高，毛兔比獭兔感染率和感染强度高。成虫寄生在兔的大肠，交配后雌虫在肛门外围产卵，卵在肛门处或外界适宜条件下发育成感染性虫卵，当兔吞食了被虫卵污染的草料后被感染，从感染到发育为成虫需要55～56d。严重感染时，粪便中可发现白色针尖状的虫体，肛门周围被毛成结。剖检可见肠黏膜损伤，有时发生大肠炎症及溃疡等。

【治疗】 宜选用芬苯达唑片、芬苯达唑粉或阿苯达唑片内服给药，其用法用量以及注意事项详见本书第二章或参照产品说明书。

·兔豆状囊尾蚴病·

兔豆状囊尾蚴病是由豆状带绦虫的幼虫寄生于家兔肝脏、肠系膜和腹腔内的一种寄生虫病。家兔采食或饮水时，吞食豆状带绦虫虫卵被感染，虫卵孵出并钻入肠壁血管，随血流到达肝表面，最后到达肠系膜及其他部位的浆膜，发育为豆状囊尾蚴。各品种的家兔均可发病。常在肠系膜、胃网膜、肝脏表面见有灰白色半透明的小囊泡，单个或成串。有时可形成嵌花肝，肝表面和切面有黑红、黄白色条纹状病灶。

【治疗】 宜选用芬苯达唑片、芬苯达唑粉、阿苯达唑片或氯硝柳胺片内服给药，其用法用量以及注意事项详见本书第二章或参照产品说明书。

·兔体外寄生虫病·

兔体外寄生虫病主要有兔螨病、兔蚤病、兔虱病。

兔螨病是由疥螨和痒螨等寄生于家兔耳廓、脚趾、吻部等体表部位引起的寄生虫病。本病具有高度的传染性，常迅速传播至整个兔群。家兔螨病分为体螨和耳螨两种。体螨是由疥螨和背肛疥螨引起的，脚趾、吻端发生炎症、肿胀、糠麸样皮屑；耳螨是由痒螨引起的，耳廓内有结痂。

兔蚤病是由蚤引起的以患病家兔瘙痒不安、皮肤发红和肿胀为特征的一种体外寄生虫病。主要是通过患病家兔和健康家兔直接接触，或通过接触被污染的兔笼、用具等而传染。兔蚤可引起家兔瘙痒不安、啃咬患部，导致患部脱毛、发红和肿胀。

兔虱病是兔虱寄生于家兔体表引起的一种寄生虫病。主要是通过患病家兔和健康家兔直接接触，或通过接触被污染的兔笼、用具等而传染。秋冬季节，家兔被毛厚密，皮肤湿度增加，有利于虱的生存和繁殖，因而促使虱病流行。肉眼可以看到黑色兔虱在活动，在毛根部可见淡黄色的虫卵。在皮肤内出现小结节、小出血点甚至坏死灶。患病家兔啃咬或到处擦痒形成皮肤损伤，可继发细菌感染，引起化脓性皮炎。

【治疗】用阿维菌素透皮溶液在家兔两耳部内侧涂擦，也可用氰戊菊酯溶液、精制马拉硫磷溶液喷雾或药浴，其用法用量以及注意事项详见本书第二章或参照产品说明书。

·血吸虫病·

血吸虫病是由日本分体吸虫引起的一种严重的人兽共患病。兔吃或饮用带有血吸虫的幼虫——尾蚴的植物或水而被感染。本病在全世界范围内流行，一年四季均有发生。感染兔的肝脏表面有散在的针头大小灰白色或灰黄色小结节，在肝脏切面也有，系虫卵结节。展开肠系膜观察，可见肠系膜静脉内的成虫。

【治疗】宜选用吡喹酮内服给药，其用法用量以及注意事项详见本书第二章或参照产品说明书。

·肝片吸虫病·

兔肝片吸虫病是由肝片形吸虫寄生于家兔肝脏胆管内引起的一种慢性寄生虫病。家兔吃或饮了带有肝片吸虫囊蚴的植物或水而被感染。呈地方性流行。在多雨年份，特别在久旱逢雨的温暖季节可促使本病暴发和流行。患兔表现厌食、衰弱、消瘦、贫血、黄疸等。严重时眼睑、颌下、胸腹下出现水肿。肝脏胆管内有肝片形吸虫。

【治疗】宜选用阿苯达唑片内服给药。

第五节 综合性疾病

·流行性腹胀病·

兔流行性腹胀病临床上多表现为腹胀，且具有一定的传染性，因其病因至今不清楚，故暂定此名。俗称胀肚、大肚子病、臌胀病。毛兔、獭兔、肉兔均可发病。以断奶后至 4 月龄兔发病为主，特别是 2～3 月龄兔发病率高，成年家兔很少发病，断奶前兔未见发病。一年四季均可发病，秋后至次年春天发病率较高。患病家兔腹胀，以排黄色、白色胶冻样黏液粪便为主，摇动兔体，有响水声。胃臌胀，部分胃黏膜有溃疡，胃内容物稀薄。盲肠内充气，内容物干硬成块状。结肠至直肠充满胶冻样黏液。

【预防】本病因病因不清，预防主要应加强饲养，保持兔舍清洁卫生，做好环境消毒，不喂发霉变质的饲草。

【治疗】宜选磺胺类药物，拌料或饮水给药，同时可在饮水中加 1%～2%的糖，连用 7d。病情严重的兔场，隔 7d 重复一个疗程。也可根据症状，选用健胃消食类中兽药治疗。

·传染性鼻炎·

兔传染性鼻炎主要是由巴氏杆菌和波氏杆菌混合感染而引发的一种常见呼吸道传染疾病。幼龄家兔发病率较高，有时发生死亡现象；成年家兔发病相对较少，发病后很容易转化为慢性病，且不容易治愈。本病主要通过空气传播，经呼吸道感染，一般为散发或地方性流行，四季皆发，尤以气候突变的春秋和多雨、潮湿、闷热的夏季为甚。重点威胁仔、幼龄家兔健康，死亡率高。温度变化快、饲养过密、卫生条件差、兔舍通风不良等都是引起兔传染性鼻炎发生的诱因。传染性鼻炎的病菌主要在空气中传播，引起家兔呼吸道感染。幼龄家兔患病多具有发病急等特点，患病家兔有打喷嚏、呼吸困难等症状，体温升高，进食少或者拒食。成年家兔多表现为慢性鼻炎，兔鼻腔内常有浆液性、黏液性鼻液或者脓样分泌物流出。死亡兔多表现为急性、慢性肺炎、化脓性胸膜肺炎和脓肿等病变。

【预防】 定期给兔群免疫接种家兔多杀性巴氏杆菌病、支气管败血波氏杆菌感染二联灭活疫苗，每只成年家兔 1.0mL。初次使用本品的兔场，首免后 14d，用相同剂量再注射一次。免疫保护期为 6 个月。

【治疗】 可选用恩诺沙星注射液或硫酸卡那霉素注射液肌内注射给药，磺胺间甲氧嘧啶片内服给药，其用法用量以及注意事项详见本书第二章或参照产品说明书。

·子宫内膜炎·

家兔子宫内膜炎是经产母兔最常见的生殖器官疾患之一，多发生于产后及流产后。患病家兔常从阴道排出脓性渗出物。通常是在配种时生殖器官直接接触或难产损伤子宫时发生感染，也可继发于其他疾病，引起子宫化脓性炎症。急性病例多发生于产后及流产后，从阴道排出较臭、污秽不洁的红褐色黏液或黏液脓性分泌物。慢性病例，多由急性子宫内膜炎转化而来，不定期地从阴道排出少量黏液或脓汁，不发情或者发情也屡配不孕。

【治疗】 确诊为患子宫内膜炎的母兔应及时淘汰。如为珍贵品种兔，治疗可用 0.1%高锰酸钾液或 0.9%生理盐水冲洗子宫，同时用恩诺沙星注射液或硫酸卡那霉素注射液肌内注射。其用法用量以及注意事项详见本书第二章或参照产品说明书。

·湿性皮炎·

兔的湿性皮炎常发部位为下颌、颈下及其他部位，是慢性进行性疾病。家兔各个生长阶段均可发病，成年家兔、肥胖行动不便的家兔多发。患兔局部皮肤发炎，炎性渗出，被毛潮湿，致使脱毛，皮肤糜烂、溃疡甚至坏死。

【治疗】治疗时先剪去患部的被毛，用0.1%新洁尔灭溶液洗净，局部涂抗生素软膏，或剪毛后用3%双氧水清洗消毒后涂碘酒。

·脚 皮 炎·

兔脚皮炎是指家兔后脚、前脚踏地部位的皮肤发炎。成年家兔多发，脚底毛少的家兔多发。患病家兔跖部底面和趾部侧面的皮肤上发生大小不等的局部性溃疡，严重时可形成蜂窝组织炎。吃料减少，行走困难，有拱背和走高跷样病态，四肢频繁交换以支撑体重。

【治疗】对于症状较轻患病家兔，患部清洁消毒后涂碘酊，在笼内垫上木板，或放在平地上饲养一段时间。重症患病家兔应适时淘汰。

·乳 房 炎·

乳房炎也称乳腺炎，是哺乳动物经常发生的一种疾病。兔乳房炎是哺乳母兔最为常见的一种疾病，哺乳期内多发生。患病家兔乳房有大小不等、单个或多个肿块或全部肿胀、化脓。

【治疗】发病初期，用恩诺沙星注射液或硫酸卡那霉素注射液等抗菌药在患部多点注射。其用法用量以及注意事项详见本书第二章或参照产品说明书。发病后期或已经化脓，待脓肿成熟后进行外科手术排脓。

·结 膜 炎·

家兔眼结膜和角膜发生明显的炎症。不同品种、年龄的家兔均易发病。患病家兔结膜、眼睑和瞬膜呈现明显的肿胀，流泪和眼屎增多。怕光、流泪，结膜潮红、肿胀、疼痛。黏合的眼睑内常积有脓液。角膜混浊，有时溃烂，严重者失明。

【治疗】13 日龄后仍未睁眼的发病家兔，应尽早扒开眼皮，在眼内滴几滴生理盐水。对于结膜炎较重的患病家兔，用生理盐水兑卡那霉素注射液做 10 倍稀释后滴眼，每日 3～4 次，直至康复。

第六节　普　通　病

·有机磷农药中毒·

有机磷农药中毒是兔接触、吸入或采食某种有机磷制剂或被有机磷农药污染的饲草、饲料或驱虫时用药不当引起的病理过程。各年龄段兔均易发。有机磷农药中毒时，抑制体内胆碱酯酶的活性，使其失去分解乙酰胆碱的能力，乙酰胆碱在体内大量蓄积，导致胆碱能神经功能紊乱。主要有以下症状：

（1）毒蕈碱作用症状　表现为食欲不振，流涎，呕吐，腹泻，腹痛，尿失禁，瞳孔缩小，可视黏膜苍白，呼吸困难，支气管分泌增多，肺水肿等。

（2）烟碱样症状　表现肌肉痉挛，血压上升，肌紧张度减退，脉搏频数。

（3）中枢神经系统症状　过度兴奋或高度抑制，兴奋不安，体温升高，搐搦，甚至陷于昏睡等。

【治疗】立即停止使用含有有机磷农药的饲料和饮水。因外用敌百虫等制剂过量所致的中毒，应充分水洗用药部位（勿用碱性药剂）。同时，尽快用药物救治。常用碘解磷定注射液解救，静脉注射，每次每千克体重 0.6～1.2mL，直至症状消失为止。

·硝酸盐和亚硝酸盐中毒·

硝酸盐和亚硝酸盐中毒是兔摄入过量含有硝酸盐和亚硝酸盐的植物或水，引起高铁血红蛋白血症。各年龄段兔均易发。患病家兔呼吸困难、精神不安、全身发绀、脉搏细弱、体温正常或偏低、躯体末梢部位厥冷，有的出现流涎、腹痛、呕吐等症状。血液呈黏稠黑褐色、不易凝，严重时固如脂油状。患病家兔尸体腹部膨满。血液暗褐色、凝固不良，暴露在空气中经久仍不变红。可视黏膜、皮肤青紫色。肝肿大、轻度瘀血。胃黏膜易脱落、有大量出血点。肠管大面积瘀血、扩张。肺瘀血，气管内出现大量泡沫状液体。心脏血管充盈、呈黑紫色。

【治疗】特效解毒剂是1%的美蓝（亚甲蓝）3～5mL，加入适量20%葡萄糖溶液，静脉注射。甲苯胺蓝治疗高铁血红蛋白血症较美蓝更好，还原变性血红蛋白的速度快。按5mg/kg制成5%的溶液，肌内、静脉或腹腔注射。

·氢氰酸中毒·

氢氰酸中毒是指兔采食了富含氰苷类物质的饲料，引起以呼吸困难、震颤、惊厥等组织性缺氧为特征的中毒病。各年龄段兔均易发。患兔表现腹痛、呼吸困难，口流白色泡沫液体，下痢，行走不稳，可视黏膜呈樱桃红色，呼出气有苦杏仁味，瞳孔散大，肌肉痉挛，死亡。剖检可见体腔有浆液性渗出液，全身各组织瘀血。胃肠道黏膜和浆膜有出血，胃内容物有苦杏仁味。流出的血液呈鲜红色、凝固不良。肺水肿，气管和支气管内含有大量泡沫、不易凝固的红色液体。

【治疗】1%美蓝注射液按每千克体重3～5mL，加入5%硫代硫酸钠1～2mL，静脉注射，4h一次。亚硝酸钠10～50mg配成5%溶液静脉注射，后用5%硫代硫酸钠5～10mL静脉注射。维持治疗可用10%葡萄糖注射液3～5mL静脉注射。

·食盐中毒·

兔在饮水不足的情况下，过量摄入食盐或者含盐饲料引起的以消化紊乱和神经症状为特征的中毒性疾病。各年龄段兔均易发。该病常群发。病初兔食欲减退、精神沉郁、结膜潮红、下痢、口渴，继而出现兴奋不安、走路不稳等神经症状，严重者呼吸困难，口吐白沫，最后卧地不起而死。

【治疗】供给清洁饮水或3%糖水，用双氢克尿噻0.5mg/kg内服。内服油类泻剂5～10mL。

·药物中毒·

药物中毒是指用药剂量超过极量而引起的中毒。各年龄段兔均易发。临床上土霉素用量过大或长期在饲料中添加使用土霉素可导致中毒。土霉素中毒时患病家兔食欲废绝、精神沉郁、腹痛腹泻，排黏液状或水样粪便；磺胺二甲基嘧啶中毒以贫血和组织器官广泛性出血为特征；用马杜霉素防治球虫病引起的中毒，主要表现为伏卧嗜睡、站立不稳，共济失调似醉酒状，体温正常或偏低，很快死亡。

【治疗】撤除饲料或饮水中的相关药物。给患病家兔静脉注射或饮用5%葡萄糖，并用维生素C和安钠咖每只兔0.5mL皮下或肌内注射。

·霉变饲料中毒·

霉变饲料中毒是由于家兔采食了霉变饲料后发生的疾病。各年龄段兔均易感。毒源极多，不同毒源感染症状不一。患病家兔主要表现口唇、皮肤发紫，全身衰弱、麻痹。粪便稀软，带有黏液或血液。妊娠母兔发生流产，发情母兔不受孕，公兔不配种。剖检常见胃与小肠充血、出血，肝肿大、质脆易碎、表面有出血点，肺水肿、表面有小结节，肾脏瘀血。

【治疗】尚无特效药用于治疗，一般采用对症疗法。停饲有毒饲料。给患兔饮用5%葡萄糖水及电解多维，连续7～10d，并加喂青干草，精神好转后适当添加优质饲料。

·铜缺乏症·

兔铜缺乏症是家兔体内铜含量不足所致的以贫血、脱毛、被毛褪色、骨骼异常、共济失调和繁殖障碍为特征的营养性疾病。各年龄段兔均易发。患病家兔精神不振，被毛粗乱、无光泽，深色毛颜色变浅，黑毛变为棕色或灰白色甚至白色，常见于眼睛周围、面部及躯体前部和脚部。腹泻，黏膜苍白，呈小细胞低色素性贫血。关节肿大，骨骼异常，四肢易骨折，有共济失调等神经症状。幼龄家兔生长缓慢，母兔发情异常、不孕、甚至流产。剖检可见心肌出现广泛性钙化和纤维化，关节囊纤维增生，骨骼疏松。

【治疗】改喂合适的饲料，饲料中含铜量为40～60mg/kg。控制饲料中钼的含量，防止其含量过高而影响铜的吸收。铜和钼的比例应为（6～10）：1。

·妊娠毒血症·

兔妊娠毒血症是母兔妊娠后期营养负平衡所致的以神经功能受损、共济失调、虚弱、失明和死亡为特征的一种营养代谢病，死亡率极高。妊娠、产后及假妊娠的母兔都可发生，以肥胖经产母兔发病最为常见。患病家兔精神沉郁，呼吸困难，尿量严重减少，呼出气体有酮味。有时精神极度不安，全身肌肉强直震颤，死前可发生流产、共济失调、惊厥及昏迷等症状。剖检可见乳腺分泌旺盛，卵巢黄体增大，肠系膜脂肪有肝样病变，肝脏、肾脏、肾上腺、甲状腺苍白。

【治疗】静脉注射25%～50%葡萄糖20mL和维生素C 2mL；肌

内注射维生素 B_1、维生素 B_2 各 2mL。妊娠后期供给富含蛋白质和碳水化合物并易消化的饲料。避免突然更换饲料及其他应激因素。分娩前适当补给葡萄糖。

·异　食　癖·

家兔除了正常采食以外，出现咬食其他物体，如食仔、食毛、食足、食土等代谢病称为异食癖。各年龄段兔均易发。食仔癖见于母兔产仔后，其将仔兔部分或全部吃掉，以初产母兔发生较多，多发于产后 3d 以内。食毛癖即家兔吃自己或其他家兔的毛或皮肤。食足癖即家兔啃食自己的脚部皮肉。食土癖即家兔舔食泥土，特别是喜食墙根土和墙上的碱屑。

【治疗】预防食仔癖，要保证营养，提供充足饮水，保持环境安静和防止异味刺激。不提前交配，对有食仔经历的母兔，要人工催产，在人工看护下哺乳。预防食毛癖，及时将患病家兔隔离，减少密度，在饲料中补充 0.1%～0.2%含硫氨基酸，添加石膏粉 0.5%，补充微量元素等。对于其他异食癖现象，应充足供应优质的全价饲料。

·兔　中　暑·

兔中暑又称热射病，是指兔所处的环境闷热或受阳光照射导致的一种环境代谢病。长毛兔更易发生中暑。患病家兔出现流涎，软瘫，眼球突出，四肢无力，抽搐，精神萎靡，食欲下降甚至拒食，呼吸加快，体温升高；严重者呼吸变得高度困难，口鼻发红或呈青紫色。有的兔会从口鼻中流出血样泡沫。最后可能出现四肢痉挛性抽搐，或兴奋不安，虚脱昏迷致死。

【治疗】迅速灌服藿香正气水约 2mL，幼龄家兔减半，以温水送服。及时将患病家兔移到通风阴凉舒适的地方，或用凉水冷敷家兔的头部。

第四章 兽药残留与食品安全

第一节　兽药残留产生原因与危害

兽药残留是指食品动物在应用兽药后残存在动物产品的任何食用部分（包括动物的细胞、组织或器官，泌乳动物的乳或产蛋家禽的蛋）中与所用药物有关的物质的残留，包括药物原形或/和其代谢产物。食品中兽药残留问题在国内外影响广泛和颇受关注，与公众的健康息息相关，也直接关系到养殖业的经济利益和可持续发展，影响国家的对外经贸往来和国际形象。兽药残留是动物用药后普遍存在的问题，又是一个特殊的问题。

一、兽药残留的来源

兽药残留主要指化学药物的残留，生物制品一般不存在残留问题。中兽药在我国已经有几千年的应用历史，一般毒性较低，有的可以药食同源；虽然其中一些活性成分的主要作用包括药理毒理作用尚不明晰，但因其有效成分含量较低，所以，中兽药的残留问题一般暂不考虑。

对食品动物给予的兽药途径一般包括饲料、饮水、口服、喷雾、注射等方式，常常因为用药不规范而导致兽药残留。此外，环境污染或其他途径进入动物体内的药物或其他化学物质也可能导致残留。

二、兽药残留的主要原因

发生兽药残留的原因较多，但主要是因为不规范使用导致。常见的原因主要是：

（1）不按照兽医师处方、兽药标签和说明书用药　每种兽药的适应证、给药途径、使用剂量、疗程都有明确规定，也都在标签和说明书上有载明。但有的养殖场（户）没有执业兽医师服务，或者有执业兽医师但不执行处方药制度，或不在执业兽医师监管下用药，或者不按照兽药标签和说明书用药。

（2）不遵守休药期规定　休药期（Withdrawal Period）是指食品动物最后一次使用兽药后到动物可以屠宰或其产品（蛋、奶）可以供人消费的间隔时间。这是兽药制剂产品的一项重要规定，食品动物在使用兽药后，需要有足够的时间让兽药从动物体内尽量排出，使最终的动物性产品（肉、蛋、奶）中兽药残留量不会超过法定标准。不遵守休药期，动物组织中的兽药残留极易超标。

（3）使用未批准在该食品动物使用的药物　未经批准的药物，一般都没有明确的用法、用量、疗程和休药期等规定，使用后难以避免残留超标。

（4）饲料中添加药物且不标明　有的饲料中可能已经添加了药物，但却不在标签中标明药物品种和浓度，养殖者在不知情时重复用药，造成残留超标。

（5）非法使用国家禁止使用的物质　如使用违禁物质克仑特罗作为促生长剂，运输动物时使用镇静药物防止动物斗殴等。这些也是目前造成动物性食品中有害物质残留的原因，属国家严厉打击的范围。

三、兽药残留的危害

兽药残留对人体健康和公共卫生的危害主要有如下几方面：

（1）一般毒性作用　一些兽药或添加剂会有一定的毒性作用，如氨基糖苷类抗生素有较强的肾毒性和耳毒性等。人若长期摄入含有该类药物残留的动物性食品，随着药物在体内的蓄积，可能产生急性或（和）慢性毒性作用。

（2）特殊毒性作用　一般指致畸作用、致突变作用、致癌作用和生殖毒性作用等。一些撤销的兽药（如硝基咪唑类、喹乙醇、卡巴氧、砷制剂等）有致癌作用；苯并咪唑类、氯羟吡啶等有致畸和致突变作用。这些特殊毒性作用对人体健康危害极大。

（3）过敏反应　如青霉素等在牛奶中的残留可引起人体过敏反应，严重者可出现过敏性休克并危及生命。

（4）激素样作用　使用雌激素、同化激素等作为动物的促生长剂，其残留物除有致癌作用外，还能对人体产生其他有害作用，超量残留可能干扰人的内分泌功能，破坏人体正常激素平衡，甚至致畸、引起儿童性早熟等。

（5）对人胃肠道菌群的影响　含有抗菌药物残留的动物性食品可能对人胃肠道的正常菌群产生不良的影响，致使平衡被破坏，病原菌大量繁殖，损害人体健康。另外，胃肠道菌群在残留抗菌药的选择压力下可能产生耐药性，使胃肠道成为细菌耐药基因的重要贮藏库。

第二节　兽药残留的控制与避免

兽药残留是现代养殖业中普遍存在的问题，但是残留的发生并非不可控制与避免。实际上，只要在养殖生产中严格按照标签或说明书规定的用法与用量使用，不随意加大剂量，不随意延长用药时间，不使用未批准的药物等，兽药残留的超标是可以避免的。就目前我国养殖条件下，把兽药残留降低到最低限度需要下很大力气。保证动物性产品的食品安全，是一项长期而艰巨的任务，关系到各方面的工作。

一、规范兽药使用

在养殖生产中规范使用兽药方面，严格遵守相关规范：

（1）严格禁用违禁物质　为了保证动物件性食品的安全，我国兽医行政管理部门制定发布了《食品动物禁用的兽药及其他化合物清单》，兽医师和食品动物饲养场均应严格执行这些规定。出口企业，还应当熟知进口国对食品动物禁用药物的规定，并遵照执行。

（2）严格执行处方药管理制度　所谓兽用处方药，是指凭兽医师开写处方方可购买和使用的兽药。处方药管理的一个最基本的原则就是兽药要凭兽医的处方方可购买和使用。因此，未经兽医开具处方，任何人不得销售、购买和使用处方药。通过兽医开具处方后购买和使用兽药，可防止滥用兽药尤其抗菌药，避免或减少动物产品中发生兽药残留等问题。

（3）严格依病用药　就是要在动物发生疾病并诊断准确的前提下才使用药物。与过去相比，我国养殖业在养殖规模、养殖条件、管理水平、人员素质方面都有很大的进步。但是规模小、条件差、管理落后的小型养殖场（户）仍然占较大的比例。这些养殖场依靠使用药物来维持动物的健康，存在过度用药，滥用药物严重问题，发生兽药残留的风险极大，也带来较大的药物费用，应当摒弃这种思维和做法。

（4）严格用药记录制度　要避免兽药残留必须从源头抓起，严格执行兽药使用记录制度。兽医及养殖人员必须对使用的兽药品种、剂型、剂量、给药途径、疗程或给药时间等进行登记，以备检查与溯源。

二、兽药残留避免

兽药残留是动物用药后普遍存在的问题，要想避免动物性产品中兽药残留，需要做以下工作：

（1）*加强对饲料加药的管控* 现代养殖业的动物养殖数量都比较大，因此用药途径多为群体给药，饲料和饮水给药是最为方便、简捷、实用、有效的方法。然而，通过饲料添加方式给药的兽药品种需要经过政府主管部门的审批，饲料厂和养殖场都不得私自在饲料中添加未经批准的兽药。其次，某些饲料生产厂生产的商品饲料中不标明添加的药物，因而可能导致养殖场的重复用药，从而带来兽药残留超标的风险。

（2）*加强对非法添加物的检测* 目前兽药行业仍然存在良莠不齐、同质化严重的现象，兽药产品在销售竞争中仍然以价格低而取胜，因此兽药产品中处方外添加药物的现象仍然较为多见。此外，一些兽药企业非法生产未经批准的复方产品也属于非法添加产品。这些产品因为没有经过临床疗效、残留消除试验获得正式批准，所以其休药期是不确定的，增加了发生残留的风险。

（3）*严格执行休药期规定* 兽药残留产生的主要原因是没有遵守休药期规定，因此严格执行休药期规定是减少兽药残留发生的关键措施。药物的休药期受剂型、剂量和给药途径的影响。此外，联合用药由于药动学的相互作用会影响药物在体内的消除时间，兽医师和其他用药者对此要有足够的认识，必要时要适当延长休药期，以保证动物性食品的安全。

（4）*杜绝不合理用药* 不合理用药的情形包括不按标签或说明书的规定用药以及盲目超剂量、超疗程用药等，其极易导致兽药残留超标的发生。因为动物代谢药物的能力有限，加大剂量可能会延长药物在动物体内的消除时间，出现残留超标。

三、实施残留监控

为保障动物性食品安全，农业部 1999 年启动动物及动物性产品兽药残留监控计划，自 2004 年起建立了残留超标样品追溯制度，建立了 4 个国家兽药残留基准实验室。至今，我国残留监控计划逐步完善，检测能力和检测水平不断提高，残留监控工作取得长足进步。实践证明，全面实施残留监控计划是提高我国动物性食品质量、保证消费者安全的重要手段和有效措施。

做好我国兽药残留监控工作，一是要强化兽药使用监管，严格执行处方药制度，执业兽医师要正确使用兽药。二是要加强兽药残留检测实验室的能力建设，完善实验室质量保证体系。三是要以风险分析结果为依据，准确掌握兽药使用动态和残留趋势，确定合理的抽检范围和数量，科学制定残留监控年度计划。四是要系统开展残留标准制定和修订工作，为残留监控提供有力的技术支撑。

政府发布的动物性产品中允许的最高残留限量标准是一个法定的标准，其限量是不允许超过的。科学上来讲，这个最高残留限量标准是经过对兽药测定未观察到副作用的剂量（No Observed Effect Level，NOEL），依此评价推断出每日允许摄入量（Acceptable Daily Intake，ADI），再根据每人每日消费的食物系数，计算出动物性产品中最高残留限量（Maximum Residue Limits，MRL）。每日允许摄入量是指人一生每天都摄入后也不产生任何危害的量，是科学评判兽药残留是否危害健康的量。

第五章 合理用药与耐药性控制

自青霉素被发现以来，抗菌药物已经成为减少人和动物感染性疾病发病率和死亡率不可缺少的药物。抗菌药物引入兽医后，显著地提高了动物的健康和生产力。但是，随着细菌耐药性在许多病原菌的出现、传播和持久存在，使抗菌药物的疗效降低，这已成为一个普遍的医学难题，严重威胁到医学临床和兽医临床对感染性疾病的治疗。细菌对抗菌药物耐药性的出现并不意外，青霉素发明者Alexander Fleming在1945年获诺贝尔奖的演讲中就警告人们不要滥用青霉素。

目前应用于医学和兽医临床的所有抗生素的耐药机制都有报道。由耐药菌导致的感染会比敏感菌导致的感染更加频繁地引起高发病率和高死亡率。耐药菌的存在导致治疗时间延长、治疗费用增加，特殊情况下会导致感染无法治愈。尽管在过去不断有新型或者老药的改进型药物被研发出来，但耐药机制的系统出现增加了新药的研发难度，增加了研发费用和时间。所以，做好对现有抗菌药物的可持续管理以及新抗菌药物的研发，对保护人类和动物抵御传染性病原微生物感染非常重要。

第一节　细菌耐药性产生原因及危害

一、耐药机制与耐药类型

已经发现和确定的耐药机制，主要分为四类：①通过减少药物渗透到细菌内而阻止抗菌药物到达作用靶点。②药物被特异或普通的外排泵驱出细胞外。③药物在细胞外或进入细胞后，被降解或者通过修饰作用改变药物结构，使其失去活性。④抗菌药物的作用位点被改变或者被其他小分子所保护，从而阻止抗菌药物与作用靶点的结合，抗菌药物因此不能发挥作用，或者抗菌药物的作用位点被微生物以其他方式捕获和激活。

细菌对抗生素的耐药性主要有三个基本类型：分别是敏感型、固有耐药型和获得性耐药型。

固有耐药型是与生俱来的对抗菌药物的耐药性，一个特定细菌组（如属、种、亚种）内的所有细菌都是天然耐药，主要是因为细菌固有的结构或者生化特征而产生的耐药作用。例如：革兰氏阴性菌对大环内酯类药物具有固有耐药性，因为大环内酯类药物太大，不能到达细胞质内的作用位点。厌氧菌对氨基糖苷类具有固有耐药性，因为在厌氧环境下氨基糖苷类不能渗透到细胞内。革兰氏阳性菌的细胞质膜中缺乏胆胺磷脂，从而对多黏菌素类药物具有固有耐药性。

获得性耐药型可以显示从只针对某一种药物、同一类药物中的几种、对同类药物的全部，到甚至对多种不同类别药物的耐药。通常一个耐药决定簇只编码一类药物（如氨基糖苷类、β-内酰胺类、氟喹诺酮类药物）中的一种或者几种药物的耐药性或者编码几类相关药物（如大环内酯类-林可胺类-链阳菌素类药物）的耐药性。但是也有一些耐药决定簇编码多类药物的耐药性。

二、耐药性的获得

细菌对抗生素产生耐药性主要有以下三种方式：与生理过程和细胞结构相关的基因发生突变、外源耐药基因的获得以及这两种方式的共同作用。通常情况下，细菌以低频率持续发生内在突变，由此导致偶然的耐药性突变。但是当微生物受到压力（如病原微生物受到宿主免疫防御和抗菌药物的胁迫）时，细菌群体突变的频率就会增大。

细菌可以通过三种不同方式获得外源 DNA。①转化作用：天然的感受态细胞摄取外界环境中的游离的 DNA 片段。②转导作用：通过噬菌体将遗传物质从一个细菌转移到另一个细菌中。③接合作用：像交配一样通过质粒实现细菌间遗传物质的转移。

能够在细胞内或细胞间的基因组内转移的遗传元件，可以分为四类：①质粒。②转座子。③噬菌体。④可自我剪接的小分子寄生虫。

三、耐药性的传播和稳定性

耐药性的流行和传播是自然选择的结果。在大量细菌中，只有具有抵抗有毒物质特性的少量细菌才能存活；而那些不含有这一优势特征的敏感菌株则会被淘汰，留下来的都是耐药性群体。在一个特定环境中，随着抗菌药物的长期使用，细菌的生态平衡会发生剧烈的变化，不太敏感的菌株会成为主体。当上述情况发生的时候，在多种宿主体内，耐药性共生菌和条件致病菌会快速替代原有敏感菌群定植成为优势菌群。当新的抗菌药物上市或对现有抗菌药物使用实施限制时，细菌的耐药性发生频率就会出现改变。

当细菌暴露于一种抗生素时，会共同选择产生对其他不相关的药物也产生耐药性。在细菌对抗生素产生耐药性的过程中可能还会存在非抗生素的选择压力。越来越多的证据表明，消毒剂和杀虫剂也可以促进细菌耐药性的产生。以上不仅可以导致细菌对多种抗生素的耐药决定簇的聚集，还可能形成对重金属及消毒剂等非抗生素物质的抗性基因丛，甚至还会产生毒力基因。

当细菌不需要携带的抗生素耐药基因时，对其而言就是一种负担。所以当细菌菌群不面对抗生素选择压力时，无耐药基因的敏感菌会成为优势菌群，那么整个菌群就会慢慢地逆转回到一个对抗生素敏感的状态。

四、耐药性对公共卫生的影响

20 世纪 60 年代英国发布的报告中就提出，在兽医临床和食用动物生产过程中使用抗生素是造成食源性致病菌耐药性的重要原因。在农业生产中，抗生素的使用可能会帮助筛选耐药菌株，这些耐药菌株可能通过直接接触或摄入被耐药菌污染的食物及水传播给人。关于耐药菌在动物和处于风险之中的人（农民、屠宰工人和兽医）之间传播的例子有许多。除了养殖场的动物，还有人与其密切接触的宠物，也会成为耐药菌及耐药基因传播的重要来源。因为人们认为动物性食品是具有耐药性的人肠道外致病性大肠杆菌的储库，导致人类发生疾病甚至难以治愈的风险。所以，动物性食品生产中使用抗菌药物，特别是作促生长使用受到极大关注。

随着抗菌药物在动物中使用及人畜共患病病原菌耐药性的增强，抗菌药物耐药性问题已经成为一个全球性公共卫生和动物卫生焦点。因为耐药性的发生、传播和持续存在，细菌中普遍存在的耐药性，让人觉得抗菌药物的益处将会消失，人们怀疑在未来几年里临床是否还有可以使用的抗菌药物。虽然耐药性的产生是一个不可避免的生物学现象，我们面对的挑战就是如何阻止耐药性的进一步发展和持续存在，并防止它成为现代医学发展的障碍。

在动物上使用抗生素会对人类病原菌耐药性产生负面影响，是有确切的数据的。因为动物性食品如沙门氏菌、弯曲杆菌的污染导致人们消费这些产品而发生腹泻的病例时有发生，甚至有这些细菌的耐药菌株感染病例发生。因此，需要加强在动物上使用抗生素对人类致病菌产生耐药性的风险管控，并制定相应的预防措施。

第二节　遏制抗菌药物耐药性

一、抗菌药物耐药性监测

为了遏制细菌耐药性的进一步发展与蔓延，世界卫生组织（WHO）、联合国粮农组织（FAO）和世界动物卫生组织（OIE）都要求成员开展耐药性监测，涉及三个领域：人医临床耐药性监测、食品动物细菌耐药性监测和食源性细菌耐药性监测。涵盖了从动物、动物产品到人的食品链过程。动物源细菌耐药性监测主要针对公共卫生菌，包括大肠杆菌、肠球菌、金黄色葡萄球菌、沙门氏菌和弯曲杆菌开展，也可以针对动物病原菌开展。其中大肠杆菌和肠球菌为指示菌，分别代表 G^- 菌指示菌和 G^+ 菌指示菌。金黄色葡萄球菌、沙门氏菌和弯曲杆菌则为食源性公共卫生菌。通常在养殖场（生产环节）动物肛拭子获得大肠杆菌、肠球菌以及在屠宰厂采集动物胴体、盲肠分离沙门氏菌和弯曲杆菌，经过加有标准菌株作为对照的药物敏感性测试系统，获得动物性食品生产、屠宰加工环节的动物源细菌的耐药性变化情况。

目前耐药性判定标准有欧盟抗菌药物敏感性检测委员会（EUCAST）制订的流行病学折点（Ecoff）和美国临床化验所（CLSI）制订的临床折点。细菌获得耐药性，常使最小抑菌浓度（Minimum inhibitory concentratian，MIC）值发生改变，但它并不能导致临床相关的耐药性水平。作为耐药性监测，反映的是药物与细菌之间的关系，采用流行病学折点作为判定标准更加科学。而作为用药指导，则应采用临床折点。由于细菌获得性耐药机制的存在，导致对抗菌药物的敏感性和临床疗效降低。因此，应确定感染动物的每种细菌针对每一个抗菌药物的流行病学临界值、PK/PD临界值和临床折点。

二、抗菌药物使用监测

当细菌暴露于抗菌药物时，因为面临抗菌药物的压力就会选择产生耐药性。那么，人们自然而然地就会认为如果不使用抗菌药物，也就自然地不会发生耐药性！道理是这样的。但是养殖实际中完全不使用抗菌药物是不现实的，也是不可能的，关键是合理使用抗菌药物。只在动物发生感染性疾病时才使用抗菌药物，尽可能地减少抗菌药物的使用量，或者以其他替代办法如加强生物安全、疫苗免疫、卫生消毒等基本措施。

近年来，许多国家都制定了抗菌药物谨慎使用的指导原则。总结起来，关于抗菌药物的谨慎负责任使用，也可以用以下5R原则予以概括。

负责任（Responsibility）：处方兽医要承担决定使用抗菌药物的责任，并且要充分认识到这种使用可能会产生超出预期的不良后果。处方兽医要知道这种使用所带来的利益，以及推荐的风险管理措施，以减少发生任何即时或长期不利影响的可能性。

减少（Reduction）：任何可能情况下都应实施减少抗菌药物使用的措施，包括加强感染控制，生物安全、免疫接种、动物个体的精准治疗或减少治疗持续时间。

优化（Refinement）：每次使用抗菌药物都应考虑给药方案的设计，利用所有关于病畜、病原菌、流行病学、抗菌药物（特别是动物特异性药代动力学和药效动力学特性）的信息，确保选用的抗菌药物产生耐药性的可能性最小化。负责任地使用就是正确选用药物、正确的给药时间、正确的给药剂量和正确的给药持续时间。

替代（Replacement）：任何时候有证据支持替代物安全有效，处方兽医经过评价权衡利弊后认为，替代物比抗菌药物有优势，就应该使用替代物。

评估（Review）：对抗菌药物管理的举措必须定期予以评估，并持续改进，以保证抗菌药物的使用规范适用并反映目前的最佳选择。

许多国家特别是欧盟国家，根据动物产品的产量，规定每生产1t肉使用抗菌药物50g，甚至北欧国家已经达到20g。我国关于抗菌药物的实际使用情况还不明了。根据对兽药企业的生产调查情况来看，抗菌药物使用总量和每吨肉使用量均居世界首位。需要尽快建立抗菌药物使用的监测网络和体系。

使用监测数据一般包括两个方面：抗菌药物使用总量和各种类药物的使用量。抗菌药物使用总量可以了解每生产1t肉使用的抗菌药物量。按抗菌药物类别进行划分归属，统计每个药物的使用量，可以帮助了解与耐药性发生之间的关系。通常统计养殖场年度采购后库房中抗菌药物制剂的进货（或出货）总量，根据制剂的含量（抗生素以效价单位标示时需要转换成重量含量）和规格计算出药物成分的总量，从而可以获得抗菌药物使用总量。再以年度动物生产量为基数，统计出每吨肉使用抗菌药物的量。

三、抗菌药物耐药性风险评估

兽药风险评估是一个现代意义上对上市前后兽药进行的评价、再评价工作。它是系统地采用科学技术及信息，在特定条件下，对动植物和人或环境暴露于新兽药后产生或将产生不良效应的可能性和严重性的科学评价。风险评估一般有定性评估和定量评估之分。包括四个步骤：危害识别、危害特征描述、暴露评估、风险特征描述。抗菌药物耐药性风险评估属于上市之后兽药的再评价工作。

过去几十年里，使用低浓度的抗菌药物可以有效地提高饲料转化率、促进动物增重，而且还减少了食品动物在运输过程中的应激反应。大多数用于动物的抗菌药物在人类医学上都有相应的类似物，并能为人医抗生素选择耐药性。欧盟于 20 世纪 90 年代取消了抗菌药物作动物促生长使用，但并未开展风险评估。欧盟于 1999 年开展了氟喹诺酮类药物对伤寒沙门氏菌的定性风险评估。美国首先于 2004 年开展了动物使用链阳菌素类药物（维吉尼亚霉素）在屎肠球菌耐药性的定量风险评估。依据风险评估于 2007 年撤销了在家禽使用恩诺沙星。

为防止动物源细菌耐药性进一步恶化，全球性禁止抗菌促长剂的使用已经势在必行。然而，截至目前我国仍然允许土霉素钙、金霉素、吉他霉素、杆菌肽、那西肽、阿维拉霉素、恩拉霉素、维吉尼亚霉素、黄霉素等 9 种抗生素作为动物促生长使用。其中，前 3 种属于人兽共用抗生素，后 6 种为动物专用抗生素。兽药主管部门认识到抗菌药物作动物促生长使用带来的耐药性恶化的风险，已经安排进行耐药性监测，并根据耐药性变化趋势经过风险评估后做出是否退出的决定。

四、抗菌药物耐药性风险管理

为了延缓动物源细菌的耐药性恶化，促进养殖业健康发展，避免出现无抗菌药物可选择的窘境，需要有区别地针对促生长使用的抗菌药物做出不同的限制措施。作为控制抗生素耐药性措施的一部分，2012 年美国 FDA 颁布了 209 号制药工业指南，即“医疗重要的抗生素在食品动物的谨慎使用”；主要集中于两个方面：①限制医学上重要的抗生素在食品动物使用，除非保证食品动物健康有必要。②抗生素在食品动物中的限制使用需要兽医的监督和指导。过去 10 多年来，我国兽药主管部门采取了一系列控制措施，早在 2001 年就以 168 号公告发布《饲料药物添加剂使用规范》。将通过饲料添加的药物分为不需要兽医处方可自行添加的（附录一）和需要兽医处方才可添加的（附录二）。2013 年，以 1997 号公告发布了第一批兽用处方药品种目录，目前兽医临床允许使用的各种抗菌药物都收录其中。2015 年，以 2292 号公告发布规定，禁止在食品动物中使用洛美沙星、培氟沙星、氧氟沙星、诺氟沙星 4 种抗菌药。2015 年 7 月发布了《全国兽药（抗菌药）综合治理五年行动方案》，计划用五年时间开展系统、全面的兽用抗菌药滥用及非法兽药综合治理活动，以进一步加强兽用抗菌药（包括水产用抗菌药）的监管，提高兽用抗菌药科学规范使用水平。2016 年 7 月，以 2428 号公告发布规定，停止硫酸黏菌素用于动物促生长，只允许治疗使用。2016 年 7 月起，农业部实施兽药产品电子追溯码（二维码）标识，我国生产、进口的所有兽药产品需赋“二维码”上市销售，实现全程追溯。2017 年 5 月成立了“全国兽药残留与耐药性控制专家委员会”，为推进兽药残留控制、动物源细菌耐药性防控工作提供技术支撑。

对抗菌药物作动物促生长使用，通过风险评估后要分别采取不同的风险管理措施。如果属于人类医疗极为重要的抗菌药物，则需要停止作动物的促生长使用；属于动物专用的抗菌药物促生长剂，如果极易产生耐药性甚至与其他抗菌药物交叉耐药，也需停止作动物的促生长使用；属于动物专用的抗球虫抗生素，由于与人类健康没有太大关系，可以继续作动物的促生长使用。

总体来讲，遏制细菌耐药性的进一步恶化，需要采取多种综合措施。包括生物安全、环境卫生消毒、厩舍通风、动物福利、加强营养、防止饲料霉变与酸化处理等，保障养殖的动物舒适健康。从动物使用抗菌药物方面来讲，动物诊疗机构、养殖场需要严格执行处方药管理制度，加强对抗菌药物遴选、采购、处方、兽医临床应用和效果评价的管理，并根据细菌培养及药物敏感试验结果选择使用抗菌药物。

家兔生理生化参数

一、生理指标

指标名称	参　数　值
体温	39.5（38.6～40.1)℃
呼吸频率（静止站立状态）	55（50～60）次/min
心率	120～150 次/min
血压（不麻醉）	收缩压：110（95～130）mmHg*
	舒张压：80（60～90）mmHg

* mmHg 为非法定计量单位，1mmHg＝133.322Pa。

二、血常规

参数名称	参　数　值
红细胞数	（5～10）$\times 10^{12}$/L
白细胞数	（6～13）$\times 10^{9}$/L
嗜碱性粒细胞占比	2.0%～7.0%
嗜酸性粒细胞占比	0.5%～3.5%
中性粒细胞占比	36.0%～52.0%
淋巴细胞占比	30.0%～52.0%
单核细胞占比	4.0%～12.0%
血小板数	（125～250）$\times 10^{9}$/L
血红蛋白含量	9～15g/dL
红细胞压积	30%～53%

（续）

参数名称	参 数 值
凝血时间	7.5～10.2s
血液 pH	7.35（7.21～7.57）
血液黏稠度	4.0（3.5～4.5）
全血容量	55.6（44～70）mL
血浆容量	38.8（27.8～51.4）mL
红细胞容量	16.8（13.7～25.5）mL
静脉血比容	35.2（28～41）

三、血液生化参数

参数名称	参 数 值
血浆白蛋白分值	63.2%±3.6%
血氧含量	15.6mL/dL
非蛋白氮（NPN）	40（28～51）mg/dL
尿酸	2.6（1.0～4.3）mg/dL
尿素	58（36～73）mg/dL（次溴酸盐法测定）
	34（13～53）mg/dL（氧蒽醇法测定）
钾（K）	11～20mg/dL
钠（Na）	350～375mg/dL
钙（Ca）	11～46mg/dL
氯（Cl）	333～402mg/dL（血浆）
镁（Mg）	4.66～6.14mg/dL（血浆）
	3.11～4.29mg/dL（血清）
胆红素	0.00～0.74mg%*（血清）
胆固醇	10.0～80.0mg%（血清）
	152～170mL/dL（血浆）
肌酐	0.50～2.65mg%（血清）
葡萄糖	78.0～155mg%（血清）
尿素氮	13.1～29.5mg%（血清）

（续）

参数名称	参　数　值
脂肪总量	154～332mg/dL（血浆）
高级脂肪酸总量	103～235mg/dL（血浆）
甘油酯	55～155mg/dL（血浆）
胆固醇脂	11～44mg/dL（血浆）
	10～49mg/dL（血清）
胆固醇酯/胆固醇	0.66～0.91
碱性磷酸酶	140～300IU/L（血清）
酸性磷酸酶	0.3～2.7IU/L（血清）
丙氨酸转氨酶	39～51IU/L（血清）
肌酸激酶	0.2～2.5IU/L（血清）
γ-谷氨酰转肽酶	56IU/L（血清）
淀粉酶	90～170IU/L（血清）

* mg%指每100mg血清中所含的毫克数。

四、尿液与粪便参数

参数名称	参　数　值
排便量	14.2～56.7g/（kg·d）
尿液颜色	透明，黄色
尿液相对密度	1.010～1.015
尿液 pH	7.6～8.8
尿液主要生化成分	单位：mg/（kg·d）
钙	12～19
氯	190～300
钾	40～55
钠	0.74～1.86
肌酸酐	20～80
镁	0.65～4.2
无机磷	10～60
尿素氮	1.2～1.5
尿酸	4.0～6.0

五、繁殖生理

参数名称	参　数　值
性成熟年龄	4～8 月龄（不同品种性成熟期不同）
繁殖适龄期	6～10 月龄（不同品种繁殖适龄期不同）
发情季节	全年均有交配可能
发情后排卵时间	交配后刺激排卵或交配后 10.5h
妊娠期	30（29～35）d
哺乳期	30～45d
产仔数	6（1～10）只

注：参数 30（29～35）中，括号前表示一般值或平均值，括号内表示参数范围。

我国禁止使用兽药及化合物清单

一、禁止在饲料和动物饮用水中使用的药物品种目录（农业部公告第 176 号，2002 年）

（一）肾上腺素受体激动剂

1. 盐酸克仑特罗（Clenbuterol Hydrochloride）：中华人民共和国药典（以下简称“药典”）2000 年二部 P605。β2 肾上腺素受体激动药。

2. 沙丁胺醇（Salbutamol）：药典 2000 年二部 P316。β2 肾上腺素受体激动药。

3. 硫酸沙丁胺醇（Salbutamol Sulfate）：药典 2000 年二部 P870。β2 肾上腺素受体激动药。

4. 莱克多巴胺（Ractopamine）：一种 β 兴奋剂，美国食品和药物管理局（FDA）已批准，中国未批准。

5. 盐酸多巴胺（Dopamine Hydrochloride）：药典 2000 年二部 P591。多巴胺受体激动药。

6. 西巴特罗（Cimaterol）：美国氰胺公司开发的产品，一种 β 兴奋剂，FDA 未批准。

7. 硫酸特布他林（Terbutaline Sulfate）：药典 2000 年二部

P890。β2 肾上腺受体激动药。

（二）性激素

8. 己烯雌酚（Diethylstibestrol）：药典 2000 年二部 P42。雌激素类药。

9. 雌二醇（Estradiol）：药典 2000 年二部 P1005。雌激素类药。

10. 戊酸雌二醇（Estradiol Valcrate）：药典 2000 年二部 P124。雌激素类药。

11. 苯甲酸雌二醇（Estradiol Benzoate）：药典 2000 年二部 P369。雌激素类药。中华人民共和国兽药典（以下简称“兽药典”）2000 年版一部 P109。雌激素类药。用于发情不明显动物的催情及胎衣滞留、死胎的排出。

12. 氯烯雌醚（Chlorotrianisene）：药典 2000 年二部 P919。

13. 炔诺醇（Ethinylestradiol）：药典 2000 年二部 P422。

14. 炔诺醚（Quinestml）：药典 2000 年二部 P424。

15. 醋酸氯地孕酮（Chlormadinone acetate）：药典 2000 年二部 P1037。

16. 左炔诺孕酮（Levonorgestrel）：药典 2000 年二部 P107。

17. 炔诺酮（Norethisterone）：药典 2000 年二部 P420。

18. 绒毛膜促性腺激素（绒促性素）（Chorionic Conadotrophin）：药典 2000 年二部 P534。促性腺激素药。兽药典 2000 年版一部 P146。激素类药。用于性功能障碍、习惯性流产及卵巢囊肿等。

19. 促卵泡生长激素（尿促性素主要含卵泡刺激 FSHT 和黄体生成素 LH）（Menotropins）：药典 2000 年二部 P321。促性腺激素类药。

（三）蛋白同化激素

20. 碘化酪蛋白（Iodinated Casein）：蛋白同化激素类，为甲状腺素的前驱物质，具有类似甲状腺素的生理作用。

21. 苯丙酸诺龙及苯丙酸诺龙注射液（Nandrolone phenylpro pi-onate）：药典 2000 年二部 P365。

（四）精神药品

22. （盐酸）氯丙嗪（Chlorpromazine Hydrochloride）：药典 2000 年二部 P676。抗精神病药。兽药典 2000 年版一部 P177。镇静药。用于强化麻醉以及使动物安静等。

23. 盐酸异丙嗪（Promethazine Hydrochloride）：药典 2000 年二部 P602。抗组胺药。兽药典 2000 年版一部 P164。抗组胺药。用于变态反应性疾病，如荨麻疹、血清病等。

24. 安定（地西泮）（Diazepam）：药典 2000 年二部 P214。抗焦虑药、抗惊厥药。兽药典 2000 年版一部 P61。镇静药、抗惊厥药。

25. 苯巴比妥（Phenobarbital）：药典 2000 年二部 P362。镇静催眠药、抗惊厥药。兽药典 2000 年版一部 P103。巴比妥类药。缓解脑炎、破伤风、士的宁中毒所致的惊厥。

26. 苯巴比妥钠（Phenobarbital Sodium）：兽药典 2000 年版一部 P105。巴比妥类药。缓解脑炎、破伤风、士的宁中毒所致的惊厥。

27. 巴比妥（Barbital）：兽药典 2000 年二部 P27。中枢抑制和增强解热镇痛。

28. 异戊巴比妥（Amobarbital）：药典 2000 年二部 P252。催眠药、抗惊厥药。

29. 异戊巴比妥钠（Amobarbital Sodium）：兽药典 2000 年版一部 P82。巴比妥类药。用于小动物的镇静、抗惊厥和麻醉。

30. 利血平（Reserpine）：药典 2000 年二部 P304。抗高血压药。

31. 艾司唑仑（Estazolam）。

32. 甲丙氨脂（Mcprobamate）。

33. 咪达唑仑（Midazolam）。

34. 硝西泮（Nitrazepam）。

35. 奥沙西泮（Oxazcpam）。

36. 匹莫林（Pemoline）。

37. 三唑仑（Triazolam）。

38. 唑吡旦（Zolpidem）。

39. 其他国家管制的精神药品。

（五）各种抗生素滤渣

40. 抗生素滤渣：该类物质是抗生素类产品生产过程中产生的工业三废，因含有微量抗生素成分，在饲料和饲养过程中使用后对动物有一定的促生长作用。但对养殖业的危害很大，一是容易引起耐药性，二是由于未做安全性试验，存在各种安全隐患。

二、食品动物禁用的兽药及其他化合物清单（农业部公告第 193 号，2002 年）

序号	兽药及其他化合物名称	禁止用途	禁用动物
1	β-兴奋剂类：克仑特罗 Clenbuterol、沙丁胺醇 Salbutamol、西马特罗 Cimaterol 及其盐、酯及制剂	所有用途	所有食品动物
2	性激素类：己烯雌酚 Diethylstilbestrol 及其盐、酯及制剂	所有用途	所有食品动物
3	具有雌激素样作用的物质：玉米赤霉醇 Zeranol、去甲雄三烯醇酮 Trenbolone、醋酸甲孕酮 Mengestrol Acetate 及制剂	所有用途	所有食品动物
4	氯霉素 Chloramphenicol 及其盐、酯（包括琥珀氯霉素 Chloramphenicol Succinate）及制剂	所有用途	所有食品动物
5	氨苯砜 Dapsone 及制剂	所有用途	所有食品动物

（续）

序号	兽药及其他化合物名称	禁止用途	禁用动物
6	硝基呋喃类：呋喃唑酮 Furazolidone、呋喃它酮 Furaltadone、呋喃苯烯酸钠 Nifurstyrenate sodium 及制剂	所有用途	所有食品动物
7	硝基化合物：硝基酚钠 Sodium nitrophenolate、硝呋烯腙 Nitrovin 及制剂	所有用途	所有食品动物
8	催眠、镇静类：安眠酮 Methaqualone 及制剂	所有用途	所有食品动物
9	林丹（丙体六六六）Lindane	杀虫剂	所有食品动物
10	毒杀芬（氯化烯）Camahechlor	杀虫剂、清塘剂	所有食品动物
11	呋喃丹（克百威）Carbofuran	杀虫剂	所有食品动物
12	杀虫脒（克死螨）Chlordimeform	杀虫剂	所有食品动物
13	双甲脒 Amitraz	杀虫剂	水生食品动物
14	酒石酸锑钾 Antimonypotassiumtartrate	杀虫剂	所有食品动物
15	锥虫胂胺 Tryparsamide	杀虫剂	所有食品动物
16	孔雀石绿 Malachitegreen	抗菌、杀虫剂	所有食品动物
17	五氯酚酸钠 Pentachlorophenolsodium	杀螺剂	所有食品动物
18	各种汞制剂。包括氯化亚汞（甘汞）Calomel，硝酸亚汞 Mercurous nitrate、醋酸汞 Mercurous acetate、吡啶基醋酸汞 Pyridyl mercurous acetate	杀虫剂	所有食品动物
19	性激素类：甲基睾丸酮 Methyltestosterone、丙酸睾酮 Testosterone Propionate、苯丙酸诺龙 Nandrolone Phenylpropionate、苯甲酸雌二醇 Estradiol Benzoate 及其盐、酯及制剂	促生长	所有食品动物
20	催眠、镇静类：氯丙嗪 Chlorpromazine、地西泮（安定）Diazepam 及其盐、酯及制剂	促生长	所有食品动物
21	硝基咪唑类：甲硝唑 Metronidazole、地美硝唑 Dimetronidazole 及其盐、酯及制剂	促生长	所有食品动物

三、兽药地方标准废止目录公布的食品动物禁用兽药（农业部公告第 560 号，2005 年）

类别	名称/组方
禁用兽药	β-兴奋剂类：沙丁胺醇及其盐、酯及制剂 硝基呋喃类：呋喃西林、呋喃妥因及其盐、酯及制剂 硝基咪唑类：替硝唑及其盐、酯及制剂 喹噁啉类：卡巴氧及其盐、酯及制剂 抗生素类：万古霉素及其盐、酯及制剂

四、禁止在饲料和动物饮水中使用的物质（农业部公告第 1519 号，2010 年）

1. 苯乙醇胺 A（Phenylethanolamine A）：β-肾上腺素受体激动剂。

2. 班布特罗（Bambuterol）：β-肾上腺素受体激动剂。

3. 盐酸齐帕特罗（Zilpaterol Hydrochloride）：β-肾上腺素受体激动剂。

4. 盐酸氯丙那林（Clorprenaline Hydrochloride）：药典 2010 年二部 P783。β-肾上腺素受体激动剂。

5. 马布特罗（Mabuterol）：β-肾上腺素受体激动剂。

6. 西布特罗（Cimbuterol）：β-肾上腺素受体激动剂。

7. 溴布特罗（Brombuterol）：β-肾上腺素受体激动剂。

8. 酒石酸阿福特罗（Arformoterol Tartrate）：长效型 β-肾上腺素受体激动剂。

9. 富马酸福莫特罗（Formoterol Fumatrate）：长效型 β-肾上腺素受体激动剂。

10. 盐酸可乐定（Clonidine Hydrochloride）：药典 2010 年二部 P645。抗高血压药。

11. 盐酸赛庚啶（Cyproheptadine Hydrochloride）：药典 2010 年二部 P803。抗组胺药。

五、禁止用于食品动物的其他兽药

兽用药物及其他化合物名称	禁用动物	公告号
非泼罗尼及相关制剂	所有食品动物	农业部公告第 2583 号（2017 年 9 月 15 日颁布）
洛美沙星、培氟沙星、氧氟沙星、诺氟沙星 4 种原料药的各种盐、酯及其各种制剂	所有食品动物	农业部公告第 2292 号（2015 年 9 月 1 日颁布）
喹乙醇、氨苯胂酸、洛克沙胂 3 种兽药的原料药及各种制剂	所有食品动物	农业部公告第 2638 号（2018 年 1 月 12 日颁布）

附录3 动物性食品中兽药最高残留限量

一、动物性食品允许使用，但不需要制定残留限量的药物

药物名称	动物种类	其他规定
Acetylsalicylic acid 乙酰水杨酸	牛、猪、鸡	产奶牛禁用产蛋鸡禁用
Aluminium hydroxide 氢氧化铝	所有食品动物	
Amitraz 双甲脒	牛/羊/猪	仅指肌肉中不需要限量
Amprolium 氨丙啉	家禽	仅作口服用
Apramycin 安普霉素	猪、兔山羊鸡	仅作口服用产奶羊禁用产蛋鸡禁用
Atropine 阿托品	所有食品动物	
Azamethiphos 甲基吡啶磷	鱼	
Betaine 甜菜碱	所有食品动物	
Bismuth subcarbonate 碱式碳酸铋	所有食品动物	仅作口服用
Bismuth subnitrate 碱式硝酸铋	所有食品动物	仅作口服用
Bismuth subnitrate 碱式硝酸铋	牛	仅乳房内注射用
Boric acid and borates 硼酸及其盐	所有食品动物	
Caffeine 咖啡因	所有食品动物	
Calcium borogluconate 硼葡萄糖酸钙	所有食品动物	
Calcium carbonate 碳酸钙	所有食品动物	

（续）

药物名称	动物种类	其他规定
Calcium chloride 氯化钙	所有食品动物	
Calcium gluconate 葡萄糖酸钙	所有食品动物	
Calcium phosphate 磷酸钙	所有食品动物	
Calcium sulphate 硫酸钙	所有食品动物	
Calcium pantothenate 泛酸钙	所有食品动物	
Camphor 樟脑	所有食品动物	仅作外用
Chlorhexidine 氯己定	所有食品动物	仅作外用
Choline 胆碱	所有食品动物	
Cloprostenol 氯前列醇	牛、猪、马	
Decoquinate 癸氧喹酯	牛、山羊	仅口服用，产奶动物禁用
Diclazuril 地克珠利	山羊	羔羊口服用
Epinephrine 肾上腺素	所有食品动物	
Ergometrine maleata 马来酸麦角新碱	所有哺乳类食品动物	仅用于临产动物
Ethanol 乙醇	所有食品动物	仅作赋型剂用
Ferrous sulphate 硫酸亚铁	所有食品动物	
Flumethrin 氟氯苯氰菊酯	蜜蜂	蜂蜜
Folic acid 叶酸	所有食品动物	
Follicle stimulating hormone (natural FSH from all species and their synthetic analogues) 促卵泡激素（各种动物天然 FSH 及其化学合成类似物）	所有食品动物	
Formaldehyde 甲醛	所有食品动物	
Glutaraldehyde 戊二醛	所有食品动物	
Gonadotrophin releasing hormone 垂体促性腺激素释放激素	所有食品动物	
Human chorion gonadotrophin 绒促性素	所有食品动物	
Hydrochloric acid 盐酸	所有食品动物	仅作赋型剂用

（续）

药物名称	动物种类	其他规定
Hydrocortisone 氢化可的松	所有食品动物	仅作外用
Hydrogen peroxide 过氧化氢	所有食品动物	
Iodine and iodine inorganiccompounds including： 碘和碘无机化合物包括： ——Sodium and potassium-iodide 碘化钠和钾	所有食品动物	
——Sodium and potassium-iodate 碘酸钠和钾	所有食品动物	
Iodophors including：碘附包括： ——Polyvinylpyrrolidone-iodine 聚乙烯吡咯烷酮碘	所有食品动物	
Iodine organic compounds：碘有机化合物： ——Iodoform 碘仿	所有食品动物	
Iron dextran 右旋糖酐铁	所有食品动物	
Ketamine 氯胺酮	所有食品动物	
Lactic acid 乳酸	所有食品动物	
Lidocaine 利多卡因	马	仅作局部麻醉用
Luteinising hormone（natural LH from all species and their synthetic analogues） 促黄体激素（各种动物天然 FSH 及其化学合成类似物）	所有食品动物	
Magnesium chloride 氯化镁	所有食品动物	
Mannitol 甘露醇	所有食品动物	
Menadione 甲萘醌	所有食品动物	
Neostigmine 新斯的明	所有食品动物	
Oxytocin 缩宫素	所有食品动物	
Paracetamol 对乙酰氨基酚	猪	仅作口服用
Pepsin 胃蛋白酶	所有食品动物	
Phenol 苯酚	所有食品动物	
Piperazine 哌嗪	鸡	除蛋外所有组织

（续）

药物名称	动物种类	其他规定
Polyethylene glycols （molecular weight ranging from 200 to 10 000） 聚乙二醇（相对分子质量范围 200～10 000）	所有食品动物	
Polysorbate 80 吐温- 80	所有食品动物	
Praziquantel 吡喹酮	绵羊、马、山羊	仅用于非泌乳绵羊
Procaine 普鲁卡因	所有食品动物	
Pyrantel embonate 双羟萘酸噻嘧啶	马	
Salicylic acid 水杨酸	除鱼外所有食品动物	仅作外用
Sodium Bromide 溴化钠	所有哺乳类食品动物	仅作外用
Sodium chloride 氯化钠	所有食品动物	
Sodium pyrosulphite 焦亚硫酸钠	所有食品动物	
Sodium salicylate 水杨酸钠	除鱼外所有食品动物	仅作外用
Sodium selenite 亚硒酸钠	所有食品动物	
Sodium stearate 硬脂酸钠	所有食品动物	
Sodium thiosulphate 硫代硫酸钠	所有食品动物	
Sorbitan trioleate 脱水山梨醇三油酸酯（司盘- 85）	所有食品动物	
Strychnine 士的宁	牛	仅作口服用，剂量最大 0.1mg/kg 体重
Sulfogaiacol 愈创木酚磺酸钾	所有食品动物	
Sulphur 硫黄	牛、猪、山羊、绵羊、马	
Tetracaine 丁卡因	所有食品动物	仅作麻醉剂用
Thiomersal 硫柳汞	所有食品动物	多剂量疫苗中作防腐剂使用，浓度最大不得超过 0.02%

（续）

药物名称	动物种类	其他规定
Thiopental sodium 硫喷妥钠	所有食品动物	仅作静脉注射用
Vitamin A 维生素 A	所有食品动物	
Vitamin B_1 维生素 B_1	所有食品动物	
Vitamin B_{12} 维生素 B_{12}	所有食品动物	
Vitamin B_2 维生素 B_2	所有食品动物	
Vitamin B_6 维生素 B_6	所有食品动物	
Vitamin D 维生素 D	所有食品动物	
Vitamin E 维生素 E	所有食品动物	
Xylazine hydrochloride 盐酸塞拉嗪	牛、马	产奶动物禁用
Zinc oxide 氧化锌	所有食品动物	
Zinc sulphate 硫酸锌	所有食品动物	

二、已批准的动物性食品中最高残留限量规定

药物名	标志残留物	动物种类	靶组织	残留限量
阿灭丁（阿维菌素） Abamectin ADI：0～2	Avermectin B_{1a}	牛（泌乳期禁用）	脂肪	100
			肝	100
			肾	50
		羊（泌乳期禁用）	肌肉	25
			脂肪	50
			肝	25
			肾	20
乙酰异戊酰泰乐菌素 Acetylisovaleryltylosin ADI：0～1.02	总 Acetylisovaleryltylosin 和 3－O－乙酰泰乐菌素	猪	肌肉	50
			皮＋脂肪	50
			肝	50
			肾	50

（续）

药物名	标志残留物	动物种类	靶组织	残留限量
阿苯达唑 Albendazole ADI：0～50	Albendazole＋ABZSO2＋ABZSO＋ABZNH2	牛/羊	肌肉	100
			脂肪	100
			肝	5 000
			肾	5 000
			奶	100
双甲脒 Amitraz ADI：0～3	Amitraz ＋2，4－DMA的总量	牛	脂肪	200
			肝	200
			肾	200
			奶	10
		羊	脂肪	400
			肝	100
			肾	200
			奶	10
		猪	皮＋脂	400
			肝	200
			肾	200
		禽	肌肉	10
			脂肪	10
			副产品	50
		蜜蜂	蜂蜜	200
阿莫西林 Amoxicillin	Amoxicillin	所有食品动物	肌肉	50
			脂肪	50
			肝	50
			肾	50
			奶	10
氨苄西林 Ampicillin	Ampicillin	所有食品动物	肌肉	50
			脂肪	50
			肝	50
			肾	50
			奶	10

（续）

药物名	标志残留物	动物种类	靶组织	残留限量
氨丙啉 Amprolium ADI：0～100	Amprolium	牛	肌肉	500
			脂肪	2 000
			肝	500
			肾	500
安普霉素 Apramycin ADI：0～40	Apramycin	猪	肾	100
阿散酸/洛克沙胂 Arsanilic acid/ Roxarsone	总砷计 Arsenic	猪	肌肉	500
			肝	2 000
			肾	2 000
			副产品	500
		鸡/火鸡	肌肉	500
			副产品	500
			蛋	500
氮哌酮 Azaperone ADI：0～0.8	Azaperone＋Azaperol	猪	肌肉	60
			皮＋脂肪	60
			肝	100
			肾	100
杆菌肽 Bacitracin ADI：0～3.9	Bacitracin	牛/猪/禽	可食组织	500
		牛（乳房注射）	奶	500
		禽	蛋	500
苄星青霉素/ 普鲁卡因青霉素 Benzylpenicillin/ Procaine benzylpenicillin ADI：0～30μg/(人・d)	Benzylpenicillin	所有食品动物	肌肉	50
			脂肪	50
			肝	50
			肾	50
			奶	4
倍他米松 Betamethasone ADI：0～0.015	Betamethasone	牛/猪	肌肉	0.75
			肝	2.0
			肾	0.75
		牛	奶	0.3

（续）

药物名	标志残留物	动物种类	靶组织	残留限量
头孢氨苄 Cefalexin ADI：0～54.4	Cefalexin	牛	肌肉	200
			脂肪	200
			肝	200
			肾	1 000
			奶	100
头孢喹肟 Cefquinome ADI：0～3.8	Cefquinome	牛	肌肉	50
			脂肪	50
			肝	100
			肾	200
			奶	20
		猪	肌肉	50
			皮＋脂	50
			肝	100
			肾	200
头孢噻呋 Ceftiofur ADI：0～50	Desfuroylceftiofur	牛/猪	肌肉	1 000
			脂肪	2 000
			肝	2 000
			肾	6 000
		牛	奶	100
克拉维酸 Clavulanic acid ADI：0～16	Clavulanic acid	牛/羊	奶	200
		牛/羊/猪	肌肉	100
			脂肪	100
			肝	200
			肾	400
氯羟吡啶 Clopidol	Clopidol	牛/羊	肌肉	200
			肝	1 500
			肾	3 000
			奶	20
		猪	可食组织	200

（续）

药物名	标志残留物	动物种类	靶组织	残留限量
氯羟吡啶 Clopidol	Clopidol	鸡/火鸡	肌肉	5 000
			肝	15 000
			肾	15 000
氯氰碘柳胺 Closantel ADI：0～30	Closantel	牛	肌肉	1 000
			脂肪	3 000
			肝	1 000
			肾	3 000
		羊	肌肉	1 500
			脂肪	2 000
			肝	1 500
			肾	5 000
氯唑西林 Cloxacillin	Cloxacillin	所有食品动物	肌肉	300
			脂肪	300
			肝	300
			肾	300
			奶	30
黏菌素 Colistin ADI：0～5	Colistin	牛/羊	奶	50
		牛/羊/猪/鸡/兔	肌肉	150
			脂肪	150
			肝	150
			肾	200
		鸡	蛋	300
蝇毒磷 Coumaphos ADI：0～0.25	Coumaphos 和氧化物	蜜蜂	蜂蜜	100
环丙氨嗪 Cyromazine ADI：0～20	Cyromazine	羊	肌肉	300
			脂肪	300
			肝	300
			肾	300

（续）

药物名	标志残留物	动物种类	靶组织	残留限量
环丙氨嗪 Cyromazine ADI：0～20	Cyromazine	禽	肌肉	50
			脂肪	50
			副产品	50
达氟沙星 Danofloxacin ADI：0～20	Danofloxacin	牛/绵羊/山羊	肌肉	200
			脂肪	100
			肝	400
			肾	400
			奶	30
		家禽	肌肉	200
			皮+脂	100
			肝	400
			肾	400
		其他动物	肌肉	100
			脂肪	50
			肝	200
			肾	200
癸氧喹酯 Decoquinate ADI：0～75	Decoquinate	鸡	皮+肉	1 000
			可食组织	2 000
溴氰菊酯 Deltamethrin ADI：0～10	Deltamethrin	牛/羊	肌肉	30
			脂肪	500
			肝	50
			肾	50
		牛	奶	30
		鸡	肌肉	30
			皮+脂	500
			肝	50
			肾	50
			蛋	30
		鱼	肌肉	30

（续）

药物名	标志残留物	动物种类	靶组织	残留限量
越霉素 A Destomycin A	Destomycin A	猪/鸡	可食组织	2 000
地塞米松 Dexamethasone ADI：0～0.015	Dexamethasone	牛/猪/马	肌肉	0.75
			肝	2
			肾	0.75
		牛	奶	0.3
二嗪农 Diazinon ADI：0～2	Diazinon	牛/羊	奶	20
		牛/猪/羊	肌肉	20
			脂肪	700
			肝	20
			肾	20
敌敌畏 Dichlorvos ADI：0～4	Dichlorvos	牛/羊/马	肌肉	20
			脂肪	20
			副产品	20
		猪	肌肉	100
			脂肪	100
			副产品	200
		鸡	肌肉	50
			脂肪	50
			副产品	50
地克珠利 Diclazuril ADI：0～30	Diclazuril	绵羊/禽/兔	肌肉	500
			脂肪	1 000
			肝	3 000
			肾	2 000
二氟沙星 Difloxacin ADI：0～10	Difloxacin	牛/羊	肌肉	400
			脂	100
			肝	1 400
			肾	800

（续）

药物名	标志残留物	动物种类	靶组织	残留限量
二氟沙星 Difloxacin ADI：0～10	Difloxacin	猪	肌肉	400
			皮+脂	100
			肝	800
			肾	800
		家禽	肌肉	300
			皮+脂	400
			肝	1 900
			肾	600
		其他	肌肉	300
			脂肪	100
			肝	800
			肾	600
三氮脒 Diminazine ADI：0～100	Diminazine	牛	肌肉	500
			肝	12 000
			肾	6 000
			奶	150
多拉菌素 Doramectin ADI：0～0.5	Doramectin	牛（泌乳牛禁用）	肌肉	10
			脂肪	150
			肝	100
			肾	30
		猪/羊/鹿	肌肉	20
			脂肪	100
			肝	50
			肾	30
多西环素 Doxycycline ADI：0～3	Doxycycline	牛（泌乳牛禁用）	肌肉	100
			肝	300
			肾	600
		猪	肌肉	100
			皮+脂	300
			肝	300
			肾	600

（续）

药物名	标志残留物	动物种类	靶组织	残留限量
多西环素 Doxycycline ADI：0～3	Doxycycline	禽（产蛋鸡禁用）	肌肉	100
			皮+脂	300
			肝	300
			肾	600
恩诺沙星 Enrofloxacin ADI：0～2	Enrofloxacin+ Ciprofloxacin	牛/羊	肌肉	100
			脂肪	100
			肝	300
			肾	200
			奶	100
		猪/兔	肌肉	100
			脂肪	100
			肝	200
			肾	300
		禽（产蛋鸡禁用）	肌肉	100
			皮+脂	100
			肝	200
			肾	300
		其他动物	肌肉	100
			脂肪	100
			肝	200
			肾	200
红霉素 Erythromycin ADI：0～5	Erythromycin	所有食品动物	肌肉	200
			脂肪	200
			肝	200
			肾	200
			奶	40
			蛋	150
乙氧酰胺苯甲酯 Ethopabate	Ethopabate	禽	肌肉	500
			肝	1 500
			肾	1 500

（续）

药物名	标志残留物	动物种类	靶组织	残留限量
苯硫氨酯 Fenbantel 芬苯达唑 Fenbendazole 奥芬达唑 Oxfendazole ADI：0～7	可提取的 Oxfendazole sulphone	牛/马/猪/羊	肌肉	100
			脂肪	100
			肝	500
			肾	100
		牛/羊	奶	100
倍硫磷 Fenthion	Fenthion & metabolites	牛/猪/禽	肌肉	100
			脂肪	100
			副产品	100
氰戊菊酯 Fenvalerate ADI：0～20	Fenvalerate	牛/羊/猪	肌肉	1 000
			脂肪	1 000
			副产品	20
		牛	奶	100
氟苯尼考 Florfenicol ADI：0～3	Florfenicol-amine	牛/羊 （泌乳期禁用）	肌肉	200
			肝	3 000
			肾	300
		猪	肌肉	300
			皮+脂	500
			肝	2 000
			肾	500
		家禽（产蛋禁用）	肌肉	100
			皮+脂	200
			肝	2 500
			肾	750
		鱼	肌肉+皮	1 000
		其他动物	肌肉	100
			脂肪	200
			肝	2 000
			肾	300

（续）

药物名	标志残留物	动物种类	靶组织	残留限量
氟苯咪唑 Flubendazole ADI：0～12	Flubendazole＋2－amino 1H－benzimidazol－5－yl－（4－fluorophenyl）methanone	猪	肌肉	10
			肝	10
		禽	肌肉	200
			肝	500
			蛋	400
醋酸氟孕酮 Flugestone Acetate ADI：0～0.03	Flugestone Acetate	羊	奶	1
氟甲喹 Flumequine ADI：0～30	Flumequine	牛/羊/猪	肌肉	500
			脂肪	1 000
			肝	500
			肾	3 000
			奶	50
		鱼	肌肉＋皮	500
		鸡	肌肉	500
			皮＋脂	1 000
			肝	500
			肾	3 000
氟氯苯氰菊酯 Flumethrin ADI：0～1.8	Flumethrin （sum of trans-Z-isomers）	牛	肌肉	10
			脂肪	150
			肝	20
			肾	10
			奶	30
		羊（产奶期禁用）	肌肉	10
			脂肪	150
			肝	20
			肾	10
氟胺氰菊酯 Fluvalinate	Fluvalinate	所有动物	肌肉	10
			脂肪	10
			副产品	10

（续）

药物名	标志残留物	动物种类	靶组织	残留限量
氟胺氰菊酯 Fluvalinate	Fluvalinate	蜜蜂	蜂蜜	50
庆大霉素 Gentamycin ADI：0～20	Gentamycin	牛/猪	肌肉	100
			脂肪	100
			肝	2 000
			肾	5 000
		牛	奶	200
		鸡/火鸡	可食组织	100
氢溴酸常山酮 Halofuginone hydrobromide ADI：0～0.3	Halofuginone	牛	肌肉	10
			脂肪	25
			肝	30
			肾	30
		鸡/火鸡	肌肉	100
			皮+脂	200
			肝	130
氮氨菲啶 Isometamidium ADI：0～100	Isometamidium	牛	肌肉	100
			脂肪	100
			肝	500
			肾	1 000
			奶	100
伊维菌素 Ivermectin ADI：0～1	22，23－Dihydro-avermectin B1a	牛	肌肉	10
			脂肪	40
			肝	100
			奶	10
		猪/羊	肌肉	20
			脂肪	20
			肝	15
吉他霉素 Kitasamycin	Kitasamycin	猪/禽	肌肉	200
			肝	200
			肾	200

（续）

药物名	标志残留物	动物种类	靶组织	残留限量
拉沙洛菌素 Lasalocid	Lasalocid	牛	肝	700
		鸡	皮＋脂	1 200
			肝	400
		火鸡	皮＋脂	400
			肝	400
		羊	肝	1 000
		兔	肝	700
左旋咪唑 Levamisole ADI：0～6	Levamisole	牛/羊/猪/禽	肌肉	10
			脂肪	10
			肝	100
			肾	10
林可霉素 Lincomycin ADI：0～30	Lincomycin	牛/羊/猪/禽	肌肉	100
			脂肪	100
			肝	500
			肾	1 500
		牛/羊	奶	150
		鸡	蛋	50
马杜霉素 Maduramicin	Maduramicin	鸡	肌肉	240
			脂肪	480
			皮	480
			肝	720
马拉硫磷 Malathion	Malathion	牛/羊/猪/禽/马	肌肉	4 000
			脂肪	4 000
			副产品	4 000
甲苯咪唑 Mebendazole ADI：0～12.5	Mebendazole 等效物	羊/马 （产奶期禁用）	肌肉	60
			脂肪	60
			肝	400
			肾	60

（续）

药物名	标志残留物	动物种类	靶组织	残留限量
安乃近 Metamizole ADI：0～10	4-氨甲基-安替比林	牛/猪/马	肌肉	200
			脂肪	200
			肝	200
			肾	200
莫能菌素 Monensin	Monensin	牛/羊	可食组织	50
		鸡/火鸡	肌肉	1 500
			皮+脂	3 000
			肝	4 500
甲基盐霉素 Narasin	Narasin	鸡	肌肉	600
			皮+脂	1 200
			肝	1 800
新霉素 Neomycin ADI：0～60	Neomycin B	牛/羊/猪/鸡/火鸡/鸭	肌肉	500
			脂肪	500
			肝	500
			肾	10 000
		牛/羊	奶	500
		鸡	蛋	500
尼卡巴嗪 Nicarbazin ADI：0～400	N，N'-bis-(4-nitrophenyl) urea	鸡	肌肉	200
			皮/脂	200
			肝	200
			肾	200
硝碘酚腈 Nitroxinil ADI：0～5	Nitroxinil	牛/羊	肌肉	400
			脂肪	200
			肝	20
			肾	400
喹乙醇 Olaquindox	[3-甲基喹啉-2-羧酸] (MQCA)	猪	肌肉	4
			肝	50

（续）

药物名	标志残留物	动物种类	靶组织	残留限量
苯唑西林 Oxacillin	Oxacillin	所有食品动物	肌肉	300
			脂肪	300
			肝	300
			肾	300
			奶	30
丙氧苯咪唑 Oxibendazole ADI：0～60	Oxibendazole	猪	肌肉	100
			皮＋脂	500
			肝	200
			肾	100
噁喹酸 Oxolinic acid ADI：0～2.5	Oxolinic acid	牛/猪/鸡	肌肉	100
			脂肪	50
			肝	150
			肾	150
		鸡	蛋	50
		鱼	肌肉＋皮	300
土霉素/金霉素/四环素 Oxytetracycline/ Chlortetracycline/ Tetracycline ADI：0～30	Parent drug，单个或复合物	所有食品动物	肌肉	100
			肝	300
			肾	600
		牛/羊	奶	100
		禽	蛋	200
		鱼/虾	肉	100
辛硫磷 Phoxim ADI：0～4	Phoxim	牛/猪/羊	肌肉	50
			脂肪	400
			肝	50
			肾	50
		牛	奶	10
哌嗪 Piperazine ADI：0～250	Piperazine	猪	肌肉	400
			皮＋脂	800
			肝	2 000
			肾	1 000

（续）

药物名	标志残留物	动物种类	靶组织	残留限量
哌嗪 Piperazine ADI：0～250	Piperazine	鸡	蛋	2 000
巴胺磷 Propetamphos ADI：0～0.5	Propetamphos	羊	脂肪	90
			肾	90
碘醚柳胺 Rafoxanide ADI：0～2	Rafoxanide	牛	肌肉	30
			脂肪	30
			肝	10
			肾	40
		羊	肌肉	100
			脂肪	250
			肝	150
			肾	150
氯苯胍 Robenidine	Robenidine	鸡	脂肪	200
			皮	200
			可食组织	100
盐霉素 Salinomycin	Salinomycin	鸡	肌肉	600
			皮/脂	1 200
			肝	1 800
沙拉沙星 Sarafloxacin ADI：0～0.3	Sarafloxacin	鸡/火鸡	肌肉	10
			脂肪	20
			肝	80
			肾	80
		鱼	肌肉+皮	30
赛杜霉素 Semduramicin ADI：0～180	Semduramicin	鸡	肌肉	130
			肝	400
大观霉素 Spectinomycin ADI：0～40	Spectinomycin	牛/羊/猪/鸡	肌肉	500
			脂肪	2 000
			肝	2 000
			肾	5 000

（续）

药物名	标志残留物	动物种类	靶组织	残留限量
大观霉素 Spectinomycin ADI：0～40	Spectinomycin	牛	奶	200
		鸡	蛋	2 000
链霉素/双氢链霉素 Streptomycin/ Dihydrostreptomycin ADI：0～50	Sum of Streptomycin+ Dihydrostreptomycin	牛	奶	200
		牛/绵羊/猪/鸡	肌肉	600
			脂肪	600
			肝	600
			肾	1 000
磺胺类 Sulfonamides	Parent drug（总量）	所有食品动物	肌肉	100
			脂肪	100
			肝	100
			肾	100
		牛/羊	奶	100
磺胺二甲嘧啶 Sulfadimidine ADI：0～50	Sulfadimidine	牛	奶	25
噻苯咪唑 Thiabendazole ADI：0～100	[噻苯咪唑和5- 羟基噻苯咪唑]	牛/猪/绵羊/山羊	肌肉	100
			脂肪	100
			肝	100
			肾	100
		牛/山羊	奶	100
甲砜霉素 Thiamphenicol ADI：0～5	Thiamphenicol	牛/羊	肌肉	50
			脂肪	50
			肝	50
			肾	50
		牛	奶	50
		猪	肌肉	50
			脂肪	50
			肝	50
			肾	50

（续）

药物名	标志残留物	动物种类	靶组织	残留限量
甲砜霉素 Thiamphenicol ADI：0～5	Thiamphenicol	鸡	肌肉	50
			皮+脂	50
			肝	50
			肾	50
		鱼	肌肉+皮	50
泰妙菌素 Tiamulin ADI：0～30	Tiamulin+8-α-Hydroxymutilin 总量	猪/兔	肌肉	100
			肝	500
		鸡	肌肉	100
			皮+脂	100
			肝	1 000
			蛋	1 000
		火鸡	肌肉	100
			皮+脂	100
			肝	300
替米考星 Tilmicosin ADI：0～40	Tilmicosin	牛/绵羊	肌肉	100
			脂肪	100
			肝	1 000
			肾	300
		绵羊	奶	50
		猪	肌肉	100
			脂肪	100
			肝	1 500
			肾	1 000
		鸡	肌肉	75
			皮+脂	75
			肝	1 000
			肾	250
甲基三嗪酮（托曲珠利）Toltrazuril ADI：0～2	Toltrazuril Sulfone	鸡/火鸡	肌肉	100
			皮+脂	200
			肝	600
			肾	400

（续）

药物名	标志残留物	动物种类	靶组织	残留限量
甲基三嗪酮（托曲珠利）Toltrazuril ADI：0～2	Toltrazuril Sulfone	猪	肌肉	100
			皮+脂	150
			肝	500
			肾	250
敌百虫 Trichlorfon ADI：0～20	Trichlorfon	牛	肌肉	50
			脂肪	50
			肝	50
			肾	50
			奶	50
三氯苯唑 Triclabendazole ADI：0～3	Ketotriclabendazole	牛	肌肉	200
			脂肪	100
			肝	300
			肾	300
		羊	肌肉	100
			脂肪	100
			肝	100
			肾	100
甲氧苄啶 Trimethoprim ADI：0～4.2	Trimethoprim	牛	肌肉	50
			脂肪	50
			肝	50
			肾	50
			奶	50
		猪/禽	肌肉	50
			皮+脂	50
			肝	50
			肾	50
		马	肌肉	100
			脂肪	100
			肝	100
			肾	100
		鱼	肌肉+皮	50

（续）

药物名	标志残留物	动物种类	靶组织	残留限量
泰乐菌素 Tylosin ADI：0～6	Tylosin A	鸡/火鸡/猪/牛	肌肉	200
			脂肪	200
			肝	200
			肾	200
		牛	奶	50
		鸡	蛋	200
维吉尼霉素 Virginiamycin ADI：0～250	Virginiamycin	猪	肌肉	100
			脂肪	400
			肝	300
			肾	400
			皮	400
		禽	肌肉	100
			脂肪	200
			肝	300
			肾	500
			皮	200
二硝托胺 Zoalene	Zoalene＋Metabolite 总量	鸡	肌肉	3 000
			脂肪	2 000
			肝	6 000
			肾	6 000
		火鸡	肌肉	3 000
			肝	3 000

三、允许作治疗用，但不得在动物性食品中检出的药物

药物名称	标志残留物	动物种类	靶组织
氯丙嗪 Chlorpromazine	Chlorpromazine	所有食品动物	所有可食组织
地西泮（安定）Diazepam	Diazepam	所有食品动物	所有可食组织
地美硝唑 Dimetridazole	Dimetridazole	所有食品动物	所有可食组织

（续）

药物名称	标志残留物	动物种类	靶组织
苯甲酸雌二醇 Estradiol benzoate	Estradiol	所有食品动物	所有可食组织
潮霉素 B Hygromycin B	Hygromycin B	猪/鸡 鸡	可食组织 蛋
甲硝唑 Metronidazole	Metronidazole	所有食品动物	所有可食组织
苯丙酸诺龙 Nadrolone phenylpropionate	Nadrolone	所有食品动物	所有可食组织
丙酸睾酮 Testosterone propinate	Testosterone	所有食品动物	所有可食组织
塞拉嗪 Xylzaine	Xylazine	产奶动物	奶

四、禁止使用的药物，在动物性食品中不得检出

药物名称	禁用动物种类	靶组织
氯霉素 Chloramphenicol 及其盐、酯（包括琥珀氯霉素 Chloramphenico succinate）	所有食品动物	所有可食组织
克仑特罗 Clenbuterol 及其盐、酯	所有食品动物	所有可食组织
沙丁胺醇 Salbutamol 及其盐、酯	所有食品动物	所有可食组织
西马特罗 Cimaterol 及其盐、酯	所有食品动物	所有可食组织
氨苯砜 Dapsone	所有食品动物	所有可食组织
己烯雌酚 Diethylstilbestrol 及其盐、酯	所有食品动物	所有可食组织
呋喃它酮 Furaltadone	所有食品动物	所有可食组织
呋喃唑酮 Furazolidone	所有食品动物	所有可食组织
林丹 Lindane	所有食品动物	所有可食组织
呋喃苯烯酸钠 Nifurstyrenate sodium	所有食品动物	所有可食组织
安眠酮 Methaqualone	所有食品动物	所有可食组织
洛硝达唑 Ronidazole	所有食品动物	所有可食组织
玉米赤霉醇 Zeranol	所有食品动物	所有可食组织
去甲雄三烯醇酮 Trenbolone	所有食品动物	所有可食组织
醋酸甲孕酮 Mengestrol acetate	所有食品动物	所有可食组织
硝基酚钠 Sodium nitrophenolate	所有食品动物	所有可食组织
硝呋烯腙 Nitrovin	所有食品动物	所有可食组织

（续）

药物名称	禁用动物种类	靶组织
毒杀芬（氯化烯）Camahechlor	所有食品动物	所有可食组织
呋喃丹（克百威）Carbofuran	所有食品动物	所有可食组织
杀虫脒（克死螨）Chlordimeform	所有食品动物	所有可食组织
双甲脒 Amitraz	水生食品动物	所有可食组织
酒石酸锑钾 Antimony potassium tartrate	所有食品动物	所有可食组织
锥虫砷胺 Tryparsamile	所有食品动物	所有可食组织
孔雀石绿 Malachite green	所有食品动物	所有可食组织
五氯酚酸钠 Pentachlorophenol sodium	所有食品动物	所有可食组织
氯化亚汞（甘汞）Calomel	所有食品动物	所有可食组织
硝酸亚汞 Mercurous nitrate	所有食品动物	所有可食组织
醋酸汞 Mercurous acetate	所有食品动物	所有可食组织
吡啶基醋酸汞 Pyridyl mercurous acetate	所有食品动物	所有可食组织
甲基睾丸酮 Methyltestosterone	所有食品动物	所有可食组织
群勃龙 Trenbolone	所有食品动物	所有可食组织

名词定义：

1. 兽药残留（Residues of Veterinary Drugs）：指食品动物用药后，动物产品的任何食用部分中与所用药物有关的物质的残留，包括原型药物或/和其代谢产物。

2. 总残留（Total Residue）：指对食品动物用药后，动物产品的任何食用部分中药物原型或/和其所有代谢产物的总和。

3. 日允许摄入量（ADI：Acceptable Daily Intake）：是指人一生中每日从食物或饮水中摄取某种物质而对健康没有明显危害的量，以人体重为基础计算，单位：微克每千克体重每天［μg/（kg·d)］。

4. 最高残留限量（MRL：Maximum Residue Limit）：对食品动物用药后产生的允许存在于食物表面或内部的该兽药残留的最高量/浓度（以鲜重计，表示为 μg/kg）。

5. 食品动物（Food-Producing Animal）：指各种供人食用或其产品供人食用的动物。

6. 鱼（Fish）：指众所周知的任一种水生冷血动物。包括鱼纲（Pisces），软骨鱼（Elasmobranchs）和圆口鱼（Cyclostomes），不包括水生哺乳动物、无脊椎动物和两栖动物。但应注意，此定义可适用于某些无脊椎动物，特别是头足动物（Cephalopods）。

7. 家禽（Poultry）：包括鸡、火鸡、鸭、鹅、珍珠鸡和鸽在内的家养的禽。

8. 动物性食品（Animal Derived Food）：全部可食用的动物组织以及蛋和奶。

9. 可食组织（Edible Tissues）：全部可食用的动物组织，包括肌肉和脏器。

10. 皮＋脂（Skin with fat）：指带脂肪的可食皮肤。

11. 皮＋肉（Muscle with skin）：一般特指鱼的带皮肌肉组织。

12. 副产品（Byproducts）：除肌肉、脂肪以外的所有可食组织，包括肝、肾等。

13. 肌肉（Muscle）：仅指肌肉组织。

14. 蛋（Egg）：指家养母鸡的带壳蛋。

15. 奶（Milk）：指由正常乳房分泌而得，经一次或多次挤奶，既无加入也未经提取的奶。此术语也可用于处理过但未改变其组分的奶，或根据国家立法已将脂肪含量标准化处理过的奶。

附录 4

一、二、三类动物疫病名录中涉及家兔的疫病*

一类动物疫病

无。

二类动物疫病

兔病毒性出血症、兔黏液瘤病、土拉伦斯病（野兔热）、兔球虫病、魏氏梭菌病、布鲁氏菌病、钩端螺旋体病、棘球蚴病。

三类动物疫病

大肠杆菌病、李氏杆菌病、肝片吸虫病、附红细胞体病。

---

* 引自中华人民共和国农业部公告第 1125 号。

兽药使用政策法规目录

1. 中华人民共和国动物防疫法（1997 年 7 月 3 日第八届全国人民代表大会常务委员会第二十六次会议通过，1997 年 7 月 3 日中华人民共和国主席令第八十七号公布；2007 年 8 月 30 日第十届全国人民代表大会常务委员会第二十九次会议修订，2007 年 8 月 30 日中华人民共和国主席令第七十一号公布）

2. 兽药管理条例（2004 年 4 月 9 日国务院令第 404 号公布，2014 年 7 月 29 日国务院令第 653 号部分修订，2016 年 2 月 6 日国务院令第 666 号部分修订）

3. 动物性食品中兽药最高残留限量标准（中华人民共和国农业部公告第 235 号）

4. 农业部关于印发《饲料药物添加剂使用规范》的通知（农牧发［2001］20 号）

5. 禁止在饲料和动物饮水中使用的药物品种目录（农业部、卫生部、国家药品监督管理局公告 2002 年第 176 号）

6. 食品动物禁用的兽药及其他化合物清单（中华人民共和国农业部公告第 193 号）

7. 部分兽药品种的休药期规定（中华人民共和国农业部公告第 278 号）

8. 农业部关于清查金刚烷胺等抗病毒药物的紧急通知（农医发

［2005］33号）

9. 淘汰兽药品种目录（中华人民共和国农业部公告第839号）

10. 禁止在饲料和动物饮水中使用的物质（中华人民共和国农业部公告第1519号）

11. 兽用处方药品种目录（第一批）（中华人民共和国农业部公告第1997号）

12. 兽用处方药品种目录（第二批）（中华人民共和国农业部公告第2471号）

13. 乡村兽医基本用药目录（中华人民共和国农业部公告第2069号）

14. 关于禁止在食品动物中使用洛美沙星等4种原料药的各种盐、酯及各种制剂的公告（中华人民共和国农业部公告第2292号）

15. 禁止非泼罗尼及相关制剂用于食品动物（中华人民共和国农业部公告第2583号）

16. 关于停止喹乙醇、氨苯胂酸、洛克沙胂用于食品动物的公告（中华人民共和国农业部公告第2638号）

17. 农业部关于印发《2018年国家动物疫病强制免疫计划》的通知（2018年1月16日）

参 考 文 献

陈溥言，2015. 兽医传染病学［M］. 6版. 北京：中国农业出版社.

谷子林，秦应和，任克良，2013. 中国养兔学［M］. 北京：中国农业出版社.

陆承平，2013. 兽医微生物学［M］. 5版. 北京：中国农业出版社.

杨光友，2017. 兽医寄生虫学［M］. 北京：中国农业出版社.

郑明学，胡永婷，程志学，2009. 兔病防控与治疗技术［M］. 2版. 北京：中国农业出版社.

中国兽药典委员会，2011. 中华人民共和国兽药典兽药使用指南（化学药品卷）［M］. 北京：中国农业出版社.

中国兽医药品监察所，2017. 兽药产品说明书范本（化学药品卷）［M］. 北京：中国农业出版社.

中国兽医药品监察所，2017. 兽药产品说明书范本（生物制品卷）［M］. 北京：中国农业出版社.

中国兽医药品监察所，2017. 兽药产品说明书范本（中药品卷）［M］. 北京：中国农业出版社.

图书在版编目（CIP）数据

兔场兽药规范使用手册 / 中国兽医药品监察所，中国农业出版社组织编写；薛家宾，姚文生主编．—北京：中国农业出版社，2018.12

（养殖场兽药规范使用手册系列丛书）

ISBN 978-7-109-23984-5

Ⅰ.①兔… Ⅱ.①中… ②中… ③薛… ④姚… Ⅲ.①兔病—兽用药—手册 Ⅳ.①S858.291-62

中国版本图书馆 CIP 数据核字（2018）第 209639 号

中国农业出版社出版

（北京市朝阳区麦子店街 18 号楼）

（邮政编码 100125）

策划编辑 孙忠超 刘 玮 黄向阳

责任编辑 郭永立 弓建芳

北京万友印刷有限公司印刷 新华书店北京发行所发行

2018 年 12 月第 1 版 2018 年 12 月北京第 1 次印刷

开本：910mm×1280mm 1/32 印张：7.25

字数：180 千字

定价：25.00 元